幸福育儿:

金秀妍育儿圣经

Xing fu ♥ Su'er

[韩] 金秀妍 ◎ 著

千太阳 ◎ 译

吉林科学技术出版社

如果想要
正确地抚养宝宝，

那么首先要了解宝宝的
发育特征！

　　每一位妈妈都是在懵懂中逐渐学会怎样去抚养宝宝。每一个动作，每一次接触，都是妈妈最幸福的经历。在带宝宝地过程中了解宝宝，更深的理解宝宝的诉求是每一位妈妈的愿望。那首先就要从了解宝宝的发育特征开始！

　　宝宝天生喜欢陌生人，好长时间都没有见到爷爷奶奶了，所以当爷爷奶奶开心地抱着宝宝的时候，宝宝很快就会对爷爷奶奶产生信赖感，并且玩得也非常开心。但宝宝也天生对陌生人心存防备，所以当爷爷奶奶开心地想要抱着宝宝一起玩的时候，有的宝宝通常会大声哭闹不止。虽然爷爷奶奶只是想表达一下他们对宝宝的喜爱之情，才会想要去抱他。但是正是爷爷奶奶的这种行为，使宝宝在心理上更加排斥爷爷奶奶。宝宝的天性和宝宝的运动发育特性有着很大的关联，如果宝宝容易对陌生人产生防备心理，那么通常情况下宝宝就会在运动方面表现得不是很优秀，所以当宝宝接触到陌生的环境时，就会注视周围环境并且警惕起来。如果宝宝的运动能力很差，那么他也会很难融入到周围的集体活动当中。因此如果宝宝天生在运动方面表现得比较弱且疑心很重，那么尽可能不要主动靠近宝宝，否则会让他产生威胁感。

人们开始关注宝宝的发育这一问题，是1997年通过杂志《新闻周刊》开始的。上面刊登了1970 — 1990年有关宝宝发育的研究成果。在这篇报告刊登之前，人们都想当然地认为宝宝在刚出生的时候，是听不到也看不到的。但是，1970年之后的研究结果表明，宝宝在出生的时候就已经形成了能与环境互动的丰富的神经网。所以父母最好不要用"宝宝就应该这么去做"的方式来教育孩子，而是应该先了解宝宝的发育特征，然后再决定到底该使用什么样的方式去了解孩子。

　　本书是按照宝宝的不同发育阶段来进行分析的，以便于更多的新手父母能够更好地了解自己宝宝的成长发育特点，爱宝宝也要懂得有的放矢。有关婴幼儿时期的发育特征的专业知识，其基础建立在探究宝宝大脑发育的神经发育学之上。不管是对神经发育学有所了解的专家、非专家，还是新手父母，为了让所有的读者都能轻松读懂书中的内容，我尽自己最大的努力搜集了内容丰富的图片，以便帮助大家更详细地了解书中的内容。

　　新手父母通过书中介绍的从宝宝出生到宝宝60个月为止，便能学会非常简单地"检查宝宝发育状态"的方法。此外，我在书中还介绍了会使宝宝开心并且能促进发育的小游戏，在"宝宝的发育状况 Q&A"这一部分中，主要介绍了妈妈在育儿过程中最想知道的问题，并对这些问题进行了详细的解答，希望我的回答能帮助幸福妈妈顺利渡过抚养期。

　　从现在开始，希望有经验的过来人，能对各位新手妈妈说"仔细地了解宝宝的发育特征很重要"，而不是对她们说"需要这么养育"。每一个想要养育健康宝宝的家庭，在选择育儿的方法时，最先考虑的问题应该是宝宝的发育特征。希望我的这本书可以成为每一个寻找正确育儿方法的家庭的指南针。

김수연

金秀妍

目 录

2·序言：如果想要正确地抚养宝宝，那么首先要了解宝宝的发育特征！

10·宝宝年龄的计算法

Chapter 01
出生至3个月　宝宝发育状况

"宝宝从出生开始就能听到声音，也能看到东西！"

16·宝宝的视觉发育 新生儿也可以看到东西

20·宝宝的听觉发育 新生儿也可以听到声音

24·宝宝大肌肉的发育 宝宝的身体活动 | 随意动作（Random movement）| 宝宝

总是只看一个方向 | 请确认宝宝腿部的长度

31·宝宝小肌肉的发育 新生儿手的样子 | 动弹的嘴唇

34·宝宝的情感调节能力 如何安慰哭闹的宝宝

36·宝宝的发育状况 Q & A

45·Baby Column ❶ 1个月大的宝宝需要做发育检查吗？

47·Baby Column ❷ 背着宝宝是危险的？

Chapter 02

4～6个月　宝宝发育状况

"可以抬头并向玩具伸手了！"

54·宝宝的身体测量 宝宝的头围｜宝宝的体重和身高

61·宝宝的视觉发育 可以清晰地看到妈妈的脸

70·宝宝的听觉发育 宝宝会朝着有声音的方向转头

73·宝宝的皮肤知觉发育 身体接触

73·宝宝的前庭器官反应 可以提供安全感的前庭器官刺激

80·宝宝的大肌肉运动发育 上半身可以抬起

93·宝宝的小肌肉运动发育 可以伸手抓住玩具｜可以接受用勺子喂的食物

98·宝宝的语言发育 语言理解能力｜沟通交流能力

102·宝宝的非语言认知能力的发育 对人和事物的反应

105·宝宝的情绪调节能力 宝宝会因为无聊而哭泣

107·宝宝的发育状况 Q & A

122·Baby Column ❶　只让宝宝玩20分钟学步车！

125·Baby Column ❷　照顾难缠的宝宝

Chapter 03

7 ~ 10个月　宝宝发育状况

"可以独自坐起来并爬行！"

132·**宝宝的听觉发育** 对于声音刺激和语言刺激的反应 | 宝宝对语言没有任何反应

138·**宝宝的大肌肉运动发育** 爬行 | 独自坐起来 | 从坐姿转换到爬行姿势 | 抓住沙

　　发站起来

148·**宝宝的小肌肉运动发育** 宝宝的手部活动 | 宝宝的嘴部发展

153·**宝宝的语言能力发育** 可以理解事物的名称

157·**宝宝的非语言认知发育** 可以认知事物的存在和视觉上的高度

162·**宝宝对事物的兴趣度** 宝宝有特别喜欢的东西

164·**宝宝对人的亲密度** 与主要抚养人的亲密度 | 与陌生人的亲密度 | 宝宝的情感

　　调节

168·**宝宝的发育状况　Q & A**

180·Baby Column ❶ 说话有点晚是因为不会爬行?

Chapter 04

11 ~ 16个月　宝宝发育状况

"可以独自行走"

186· 检查宝宝是否患有缺铁性贫血 宝宝吃得不多

187· 宝宝的大肌肉运动发育 宝宝可以独自行走

197· 宝宝的小肌肉运动发育 宝宝的手部操作能力 | 宝宝的唇部活动

200· 宝宝的语言能力发育 可以理解动词 | 宝宝的语言表达能力

202· 宝宝的情感调节能力 思考型宝宝 | 松鼠型宝宝

205· 宝宝的发育状况 Q & A

223· Baby Column ❶ 是不是冬季出生的宝宝发育会慢一些呢?

226· Baby Column ❷ 走路不稳的宝宝, 不爱走路的宝宝

228· Baby Column ❸ 正确的察言观色能够提高宝宝的 EQ

Chapter 05

17 ~ 24个月　宝宝发育状况

"运动能力提高之后更淘气了!"

236· 宝宝的大肌肉运动 走路、上台阶、原地跳动

244 · **宝宝的小肌肉运动** 可以自己大小便

248 · **宝宝的语言发育状况** 不要强迫宝宝说话

253 · **宝宝的情感调节能力** 宝宝渐渐变得更淘气

259 · **宝宝的发育状况 Q & A**

277 · Baby Column ❶ 不要强求运动能力差的宝宝做运动！

280 · Baby Column ❷ 不同性格的宝宝，需要不同的情感调节方法

Chapter 06

25 ~ 36个月　宝宝发育状况

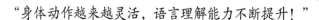

"身体动作越来越灵活，语言理解能力不断提升！"

290 · **宝宝的大肌肉的运动性** 协调性很重要

294 · **宝宝的小肌肉的运动性** 让宝宝照着简单的图形画画

298 · **宝宝的语言发育状况** 理解象征 | 连词成句来说话

304 · **宝宝亲密感的形成** 与家庭成员之间的相互作用 | 同龄人中的社会性

305 · **25 ~ 36个月的时候必须要尽早发现的发育障碍** 反应性依恋障碍 | 自闭性发

育障碍 | 可接受性表达语言障碍

313 · **宝宝的发育状况 Q & A**

Chapter 07

37 ~ 60个月　宝宝发育状况

"能够很好地融入幼儿园！"

332 • **宝宝的运动发育状况** 肌力 | 平衡感 | 敏捷性 | 爆发力 | 协调能力

347 • **宝宝的语言发育状况** 3 ~ 5 岁的宝宝的语言表达能力 | 3 ~ 5 岁宝宝的发音

350 • **宝宝的认知发育状况** 认知发育状况和同龄群体的适应能力

351 • **宝宝的发育状况 Q & A**

356 • 附录 1　当宝宝的发育不属于正常范围时的应对方法

359 • 附录 2　促进早产儿发育的早期刺激方法

363 • 附录 3　影响宝宝大脑发育的因素

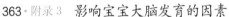

宝宝年龄的计算法

在对宝宝的成长发育进行评估前，就要了解宝宝的年龄。有很多新手父母在看到"出生后的4个月"时会分不清楚这4个月，指的是宝宝出生后满3个月的时期，还是宝宝出生后满四个月的时期。所以为了能够准确地表达宝宝的年龄，有的时候父母会说"我的宝宝已经出生121天了"，或者是"我的宝宝已经出生99天了"。

为了能够准确地对宝宝的成长发育进行评估，请按照以下的方法计算宝宝的年龄。

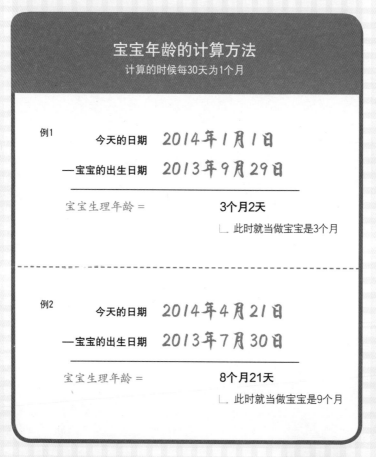

宝宝年龄的计算方法
计算的时候每30天为1个月

例1

今天的日期	2014年1月1日
—宝宝的出生日期	2013年9月29日

宝宝生理年龄 = **3个月2天**

└ 此时就当做宝宝是3个月

例2

今天的日期	2014年4月21日
—宝宝的出生日期	2013年7月30日

宝宝生理年龄 = **8个月21天**

└ 此时就当做宝宝是9个月

以上用来计算宝宝生理年龄的方法，是按照以下的标准进行计算的。

1个月16天至2个月15天	3个月
2个月16天至3个月15天	5个月
7个月16天至8个月15天	8个月
11个月16天至12个月15天	12个月

遇到早产儿的情况时，首先要算出宝宝的生理年龄和矫正年龄。在对宝宝进行成长发育评估的时候，在宝宝出生后至24个月之前，要以宝宝的矫正年龄作为评估的标准。在宝宝24个月之后，则要以宝宝的生理年龄作为评估的标准。

· 第33周出生的情况 ·

（40周-33周=提前7周出生的情况）

今天的日期　　**2014年4月5日**

—宝宝的出生日期　**2013年8月14日**

宝宝生理年龄＝　　　　**7个月21天**

└ 8个月（进行发育评估）

宝宝矫正年龄＝　**7个月21天-7周（一个月+3周）**

└ 6个月（进行发育评估）

★ 计算宝宝矫正年龄的时候，要在生理年龄的基础上减去提前出生的周数。

"宝宝从出生开始
就能听到声音，也能看到东西！"

父母对刚出生的宝宝的行为特性了解得越多，对宝宝的爱就会
越深，也能让第一次做父母的读者更加自信。在宝宝出生后的
3个月，是父母仔细观察刚出生却还未适应环境的宝宝对家庭
产生的外界刺激有何反应的最佳时期。

Chapter

01

出生至3个月
宝宝发育状况

● 主要发育的部位 ●

视觉发育，听觉发育，大块肌肉运动发育，小块肌肉运动发育，调节情绪的能力

· 早期发现先天性白内障
· 早期发现听力障碍与听力受损现象
· 发现先天性斜视
· 确认是否有骨关节脱臼的现象

"宝宝从出生开始
就能听到声音，也能看到东西！"

　　宝宝从出生开始一直到100天的这段时间，是一个从妈妈的肚子里出来之后适应这个世界和新环境的过程。直到1950年，人们还一直认为宝宝刚出生的时候就像一张白纸一样，认为宝宝是什么都做不了的。但是到了1970年之后，人们通过各种研究发现，宝宝从妈妈肚子里出来之前就具备了各种能力。

　　最具代表性的是美国小儿精神科医生布雷泽尔（Brazekton）博士，他经过长时间的临床经验证明了宝宝出生的时候就已经具备了适应周围环境的能力，而且会对周围环境带来的刺激做出积极的反应。并且通过

长时间的研究，他发表了《新生儿行为发育检查（*Neonatal Bchacioral Assessment Scale*）》，能够分析出生 30 天的新生儿所显示出来的独特的行为特性，全世界都为之惊叹。

当我们试图与宝宝交换眼神的时候，宝宝也会努力看向我们。当我们给宝宝听一些声音的时候，宝宝也会瞪大眼睛环视四周，并会朝着声音传来的方向转动眼睛，还会扭头去观察。

同时布雷泽尔博士还发现，每个孩子出生的时候都具备其特有的行为特点，而这样的特点也会对他们的父母的养育心态产生一定的影响。也就是说，对环境做出反应的宝宝的行为特性能够决定抚养者对待宝宝的态度。在布雷泽尔博士还没有得出以上研究结果之前，人们普遍认为宝宝的行为全部都受到了父母的影响，所以他试图通过父母的抚养态度去寻找宝宝行为上的问题。现在，通过布雷泽尔博士的研究结果，我们可以得知孩子与父母之间的关系是宝宝与生俱来的行为特点和父母的养育态度之间产生的相互作用而形成的。

父母在给予宝宝特定的刺激时，宝宝的反应可以让父母重新刺激宝宝，也可以让父母停止刺激宝宝。所以布雷泽尔博士发明的工具在大多数时候都是用来告诉父母，宝宝是如何应对外部刺激的，这样能够使父母理解宝宝行为的特性，并能了解到宝宝需要什么样的父母。

父母理解新生儿的行为特性，能增加对宝宝的爱意，还能提高新手父母养育宝宝的自信心。宝宝出生后的 3 个月是父母仔细观察宝宝如何应对来自家庭中的各种外部刺激的重要时期。

宝宝的视觉发育

新生儿也可以看到东西

刚出生的宝宝只能看到眼前手指大小的东西，但5～6周之后他们就能持续凝视事物了，当他们长到3个月大的时候便能注视所有方向的事物了。

宝宝出生3个月是形成持续凝视某一事物能力的时期，如果已经过了这一时期，但宝宝还是无法注视某一事物或出现斜视的现象，那么就一定要带宝宝接受眼科检查。当宝宝患有先天性白内障或眼部结构性问题时，如果没有在出生后7个月内接受治疗，就会影响到宝宝正常的视力发育。

如果护士在刚出生的宝宝面前伸出舌头，宝宝就会在观察一会儿之后伸出自己的舌头。如果护士张开嘴巴，那么宝宝也会联想到自己张开嘴巴的样子。因为宝宝在状态好的时候拥有可以模糊地观察人脸的能力。所以父母可以通过宝宝根据自己的位置移动眼球的现象体验到与宝宝互动带来的乐趣。

当人们得知婴儿也能看到东西之后，儿科的病房中也开始悄

TIP 早期发现先天性白内障

宝宝从出生到3个月的时期内，父母通过和宝宝对视来观察他的眼部反应时，一定要检查孩子是否患有先天性白内障。如果宝宝眼球上有白色的膜，或者宝宝到3个月大的时候也无法与父母进行对视，就应该带宝宝接受眼科检查。白内障是一种晶状体变混浊，导致光线不能完全透进去，从而使患者的视线变模糊的疾病。早期刺激对于宝宝来说显得尤为重要，原因在于如果宝宝没有受到视觉上的刺激，那么就会导致日后手术的困难。所以，如果小儿眼科医生建议对宝宝进行先天性白内障手术，父母最好不要犹豫，而是应该尽快按照医生的建议在早期对宝宝进行手术治疗，这对于宝宝的视力发育非常重要。

悄发生一些变化。父母和兄弟姐妹开始在早产婴儿育婴箱里放一些五彩缤纷的卡片和图片。

另外，当人们发现刚出生的宝宝能更好地看清与红色相对的颜色之后，便开始用黑白相间的悬挂玩具来代替之前使用的红色悬挂玩具。就算不是黑色和白色，但只要是两种相对的颜色就行，这样的颜色能够让新生儿更好地集中视觉上的注意力。

宝宝能同时用双眼观看一个事物的能力是在 3 ~ 4 个月的时候形成的，所以在那之前，宝宝看东西时两眼看起来会不一致。所以，当出生 3 个月的宝宝看东西时不要认为他们患有斜视，要等到 8 个月，眼周围的肌肉完全发达后再进行判断。

宝宝发育检查

视觉反应检查

▶3个月15天◀

❶ 将宝宝抱住或让他靠坐在婴儿车上，妈妈可以在距离宝宝脸部20厘米的地方凝视宝宝的黑眼球，观察是否能在他的黑眼球里看到自己的脸。轻微的晃动更容易使宝宝集中注意力，所以妈妈要慢慢地上下移动自己的脸。

❷ 妈妈将自己的脸对准宝宝的黑眼球后，再将脸微微向右转，然后
观察宝宝的黑眼球是否会跟着移动到右侧。

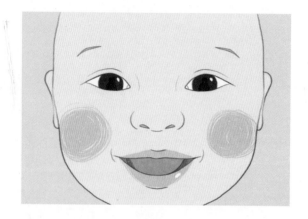

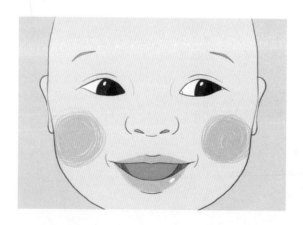

视觉刺激游戏

❶ 宝宝更容易对两种相对颜色的事物集中注意力。所以父母和宝宝在一起时，最好穿红黄相间、白蓝相间等两种颜色相间的睡衣或内衣。

❷ 宝宝房间的床帘最好也使用彩色的布料，这样有助于刺激宝宝的视觉。

❸ 很多父母在给宝宝的房间选购悬挂式玩具时，通常会购买挂有多个小玩具的款式。但是宝宝在不到3个月大时，是无法分辨每个玩具的颜色和设计上存在的差别的。如果有5个玩具，在4个相同的玩具和1个不同的玩具的组合下，宝宝反而更容易长久地注视1个不同的玩具。所以，比起给宝宝看各种各样的玩具，倒不如每天换一种玩具让他们观察，这样可以使宝宝更集中注意力。

❹ 能发出声音的玩具可以同时刺激宝宝的视觉和听觉，所以宝宝可以长时间对发声的玩具集中注意力。

❺ 妈妈白天在和宝宝一起玩的时候可以涂红色的口红，这样可以给宝宝提供凝视妈妈红色嘴唇的机会。

宝宝的听觉发育

新生儿也可以听到声音

20 世纪 80 年代，很多人都在争论宝宝从妈妈的肚子里出来之后到底能不能听到声音。宝宝听到妈妈在怀孕的时候给自己听的音乐，会比听到其他音乐时有更敏感的反应，这种现象让人们认为宝宝在妈妈的肚子里也可以听到声音。于是人们开始研究宝宝是否可以真正听到妈妈肚子外面的声音。

1990 年年底，一位非常著名的妇产科医生让一位孕妇躺着听音乐，然后观察孕妇肚子里宝宝的变化。经过观察发现，与听音乐前相比，妈妈在听音乐后，宝宝在妈妈肚子里变得更活泼了。

据说孕妇在怀孕 25 周后，胎儿的听觉就会发育到可以对外部比较大的声音做出反应的程度。所以为了给宝宝提供早期刺激，市面上还出现了专门为孕妇设计的对讲机。近些年来，许多关于胎教音乐和胎教童话的书籍也开始陆续出现。当然，这些东西都可以当做父母和宝宝之间交流、互动的工具，但目前还没有研究表明这种努力可以提高宝宝的大脑发育。

布雷泽尔博士通过《新生儿行为发育测试》告诉我们，如果在距离新生儿耳朵 20 厘米的地方敲打小钟或发出声音，那么宝宝就会将头转向有声音的地方。另外，宝宝听到吸尘器的声音会停止哭闹的事实也多次在电视中被介绍。宝宝哭闹的时候，在他们的耳边发出"嘘——嘘——"的声音也可以让他们的情绪稳定下来。

被称为"白色噪音"的声音是已经被人们熟悉而不会让人们感到被妨碍的噪音，这种噪音可以让宝宝安静下来。白色噪音包括吸尘器的声音、办公室里空气净化器的声音、波浪的声音、下雨的声音、瀑布的声音等。因为白色噪音和母亲血液流动的声音极其相似，所以这种声音会使宝宝有一种安全感。

人们在知道新生儿也可以听到声音之后，开始努力尽早地发现患有先天性听觉障碍或听力差的宝宝。在韩国，医院会对1个月的宝宝进行听力检查。因为早期发现宝宝听力差并加以改善有助于宝宝日后的说话和学习，所以听力检查是非常重要的。不管新生儿时期在医院接受听力检查的结果如何，一定要坚持定期对宝宝进行听力检查，直到宝宝9个月为止。

当宝宝的听力出现问题的时候，受到最大影响的就是运动能力的发育。宝宝一开始想要活动是为了寻找身体活动时发出声音的地方。如果宝宝听不到声音，那么他就不能获得想要活动身体的动机，也就会失去肌肉发育的机会，从而运动能力就会受到很大的影响。

患有听觉障碍的宝宝需要做小儿物理治疗的原因在于听觉上的刺激能引导宝宝活动身体。从出生到3个月的这段时间是宝宝运动发育非常旺盛的时期，所以听觉有问题的宝宝可能会比健康的宝宝晚一点学会抬头。

宝宝发育检查

听觉反应检查

▶ 3个月15天 ◀

❶ 妈妈用一只手垫着宝宝的头，并让他躺在自己的胳膊上。

❷ 不要让光线、镜子、玩具、妈妈的脸等具有刺激性的事物出现
　在宝宝的视野内。

❸ 在距离宝宝的耳朵20厘米的地方连续响铃3次。

❹ 观察宝宝的黑眼球和头是否转向了有声音的地方。

❺ 在宝宝的另一只耳朵旁也用同样的方法进行测试，然后观察宝
　宝眼球和头的反应。

宝宝发育游戏

听觉刺激游戏

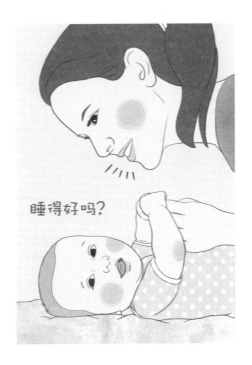

睡得好吗？

❶让宝宝躺在床上或坐在婴儿车里，在距离宝宝耳朵20厘米的地方连续发出温柔的玩具的声音，观察宝宝眼睛和头部的反应。

❷经常给宝宝听家人的声音。

宝宝大肌肉的发育

宝宝的身体活动

如果让新生儿趴在床上，宝宝的屁股就会向上翘起。这是宝宝出生时候的"生理曲折状态"，宝宝的这一行为意味着宝宝在妈妈的肚子里时发育得非常好。宝宝比预产期出生得越早，宝宝这种生理曲折状态就越弱。让展现出生理曲折状态的宝宝平躺在床上，就会发现他们的膝盖是弯曲的，如果宝宝是早产儿，那么他们的腿会直直地伸出去。

新手父母一般都不太了解宝宝的生理曲折状态，他们往往会认为宝宝的身体在出生的时候发生了弯曲，有的父母甚至还认为应该让宝宝的腿变直。但是宝宝的生理曲折状态会一直持续到3个月，所以给宝宝做伸展运动，让宝宝的腿变直是起不到任何效果的。相反，给宝宝做强制性的伸展运动会让宝宝感到不舒服，所以在给宝宝做运动的时候最好不要太用力。宝宝弯曲的腿会随着时间的推移而慢慢变直，所以父母没有必要做人为的努力来让宝宝的腿变直。

这一时期最好维持宝宝生理上的曲折状态，如果能使宝宝维持在妈妈肚子里的姿势，宝宝会感到非常舒服。为了使宝宝维持生理曲折状态，父母可以购买一款既可以当做婴儿座椅又可以让宝宝坐在上面的家具。当宝宝躺在可以像在妈妈肚子里那样弯着背的婴儿座椅里的时候，宝宝会感到非常舒服。

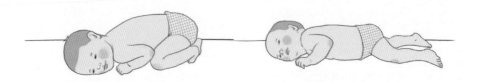

▲ 满10个月后出生的宝宝　　　　　　▲ 比预产期早一些出生的宝宝

相反，因为摇摆床不能使宝宝的背部弯曲，所以不建议购买。如果将新生儿放在倾斜45°的摇摆床上，就可以看到宝宝的身体会慢慢往下移动。如果购买婴儿座椅，不仅可以让宝宝在里面睡觉，而且父母还可以手动推动婴儿座椅当做摇摆床使用。如果宝宝比较挑剔，婴儿座椅能使父母稍微舒服一点，不让宝宝那么黏人，所以我在这里大力推荐新手父母购买婴儿座椅。此外，在推动宝宝的时候我也建议父母尽量使用婴儿座椅，这样会让宝宝感到很舒服。但宝宝在6个月大时，身体会完全伸展开，这也就意味着宝宝能使用婴儿座椅的时间大概只有5～6个月，选择购买二手的婴儿座椅比较划算。

除了坐在婴儿座椅上的时间，宝宝醒来的时候最好让他趴着。如果经常让宝宝趴在平坦的地方，那么1个月大的宝宝就可以自己转动头了，2个月大的宝宝则可以通过抬下巴的方式仰起头，宝宝到3个月大的时候，还可以把手

▲婴儿车（推荐）

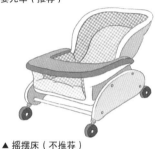

▲摇摆床（不推荐）

伸在前面支起肩膀来。把宝宝放在没有棉被的平坦的地方可以防止宝宝窒息。

随意动作（Random movement）

宝宝在出生至3个月的这段时期内，在受到意想不到的听觉刺激或皮肤刺激时，会出现全身一起抽动的现象。由于这种活动没有特定的方向，所以叫做随意动作（random movement）。在意想不到的情况下全身发生抽动会使宝宝受到惊吓，从而导致宝宝身体再次活动并开始哭闹。

所以，以前有的父母为了防止宝宝听到陌生的声音受到惊吓，会紧紧地缠住宝宝的胳膊和腿。而给宝宝洗澡的时候，在迅速洗完头之后再洗身体也是出于同样的原因，是为了防止宝宝头部碰到水后宝宝受到惊吓。

宝宝在不到3个月大时，尤其是在1个月大的时候，最好包住宝宝的全身，以防止宝宝在睡觉的时候发生身体突然抽动而受到惊吓。

宝宝总是只看一个方向

我们经常可以看到宝宝在躺着的时候，头会倾斜于一个方向。如果把宝宝的头放在相反的方向上，他们也会立即转过头去。一些妈妈抱怨说"我家宝宝总是只看一个方向"，那是因为这样的宝宝大部分都患有颈部肌肉损伤或肌肉僵硬。如果宝宝的情况不太严重，适度地给宝宝按摩。如果妈妈不敢给宝宝做按摩，或者在按摩之后情况也没有明显的好转，那就要在宝宝4个月之前尽快接受治疗。

偶尔有些宝宝在出生的时候特定肌肉会出现疙瘩，导致颈部肌肉长度变短。出现这样的情况时，宝宝的头会自然地转向肌肉较短的方向。这种症状在医学上叫做"先天性斜颈"。

我曾经接触到了患有斜颈症状的宝宝，他的父母由于生活拮据，无法给宝宝买婴儿专用床，

TIP 按摩宝宝颈部的方法

① 用温水给宝宝洗澡。

② 将宝宝的脖子转向他一直看的方向的反方向。

③ 拉住宝宝的脖子停留10秒钟，使肌肉得到充分伸展。

④ 根据宝宝斜颈的轻重程度，反复进行1～20次。

所以就一直让宝宝睡在婴儿车里。但是宝宝长大一些之后，父母没有钱买大一点的婴儿车，导致宝宝的一侧颈部肌肉变短，必须接受小儿物理治疗。

斜颈症状必须在宝宝出生4个月之内接受治疗才能治愈。治疗方法就是将宝宝的脖子拉向反方向，从而拉伸变短的肌肉。如果宝宝没有接受早期治疗，那么弯曲的脖子就会导致颈椎无法正常发育，所以一定要尽早带宝宝接受治疗。如果宝宝到18个月大的时候还没有进行物理治疗，那么宝宝就必须要进行手术治疗。

请确认宝宝腿部的长度

宝宝刚出生的时候，由于身体是弯曲着的，所以很难伸展腿部。虽然近几年来流行婴儿按摩，但是我总觉得伸展宝宝的腿可能会弄疼宝宝，所以做按摩时要非常小心。但是为了尽早发现"先天性髋关节脱臼症"，可以试着伸展宝宝的双腿，看看双腿长度是否相同。如果父母觉得宝宝双腿的长度不同，那么最好带着宝宝去找小儿骨科医生或小儿康复科医生接受准确的诊断。

如果发现得比较早，可以100%治愈的先天性发育疾病就是先天性髋关节脱臼症，简单来说，先天性髋关节脱臼症就是本应该在髋骨里面生长的部位向外部突出而导致的问题。

如果没有及时发现宝宝患有先天性髋关节脱臼，就会使脱臼的腿部无法正常发育，从而导致腿部长度变短，行走时关节疼痛，

TIP **在家里做的腿部长度检查方法**

使宝宝平躺并弯曲腿部后，抓住宝宝的膝盖部位，将双腿翻向外侧。宝宝的双腿要以同样的角度向外弯曲才是正常的。

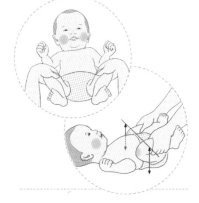

宝宝长大后还容易患退行性关节炎。一般情况下，父母是很难在新生儿时期发现宝宝患有先天性脱臼的，但大部分儿科的医生是可以检查出新生儿是否患有髋关节脱臼的。

第一胎、在胎内倒立的宝宝、出生的时候患有先天性斜颈的宝宝、患有先天性脚部畸形的宝宝和兄弟姐妹中有过患先天性髋关节脱臼的宝宝要格外注意。如果在新生儿时期发现宝宝患有髋关节脱臼，可以不用手术，而通过给宝宝穿用棉布衣服的方式进行矫正。

宝宝发育检查

大肌肉运动发育检查

❶趴着抬头

让宝宝趴在床上，给宝宝听他喜欢的玩具的声音，可以观察到宝宝为了看到玩具而努力扭动脖子的样子。

●1个月15天

左右晃动头部，但是无法将头部控制在中间部分。

● 2个月15天

将头部控制在中间部分，可以努力抬头。

● 3个月15天

将头部抬起至肩膀的位置，可以暂时看向玩具。

❷ 躺着抓住双手

● 3个月15天 ◀

宝宝仰卧时可以用自己的能力抓住双手。

宝宝发育游戏

刺激大肌肉运动发育的游戏

▶ 1个月15天 ◀

❶ 让宝宝趴在床上，抓住宝宝的屁股左右摇晃5～10次，刺激宝宝耳朵内部的平衡感和空间感。通过这种方法，可以让宝宝提前熟悉翻转身体的感觉。

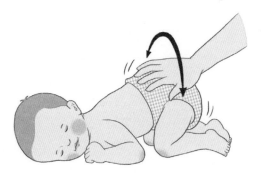

❷ 让宝宝趴在床上，在他的头顶上方反复使玩具发出声音，给他提供想要抬头的欲望。

❸单单是让宝宝坐在婴儿座椅上，就可以预防背部肌肉僵硬，有助于宝宝进行正常的运动发育。

宝宝小肌肉的发育

新生儿手的样子

新生儿出生的时候大拇指会藏在手心里面，而其他四根手指会抱住大拇指并呈握拳状。父母在给新生儿洗澡的时候，如果宝宝在水里感到紧张就会将拳头握得更紧。为了给宝宝洗手掌而用毛巾碰他的手时，他反而会握得更紧，所以给宝宝洗手也不是一件容易的事情。很多父母都应该有过给宝宝洗澡的时候，宝宝受到惊吓而紧紧拽着妈妈的衣领或抓着妈妈的头发不放的经历。不管是什么东西，只要被宝宝抓到，他在感到紧张的时候就会全身用劲儿并握紧拳头。当宝宝的身体受到刺激的时候他会握拳，手掌受到刺激的时候也会全身用劲儿并握紧拳头。这是一种反射反应，新生儿时期最为强烈。宝宝在 3 个月的时候手就会开始慢慢松开，到时候就算宝宝的手掌受到刺激，他也不会反射性地握拳了。

宝宝 3 个月之后，手就会慢慢松开，张开手的时间也会越来越长。如果在宝宝张开的手上放一个铃铛，宝宝会本能地抓住铃铛。自出生起至 3 个月以内，宝宝身体上任何一个部位受到刺激，他的整个身体都会做出反应。所以给他铃铛的时候，他的手会跟着全身做出反应从而抓住铃铛，这时宝宝会体会到铃铛出声的现象。这种经验反复几次之后，宝宝就会明白只要自己动胳膊就能听到声音，他们会为了听声音而主动去活动胳膊。

给宝宝手里抓的铃铛应该和铅笔差不多粗。之前我见过一家玩具公司老板给的铃铛样品，它粗得简直就像大人用的锤子，看了说明书之后我发现那款玩具是给 0 ~ 12 个月的宝宝玩耍的。很多妈妈在购买玩具时喜欢可以玩得久一点的玩具，所以那家公司将那款铃铛设计成了可以玩 12 个月的样式。但喜欢听铃铛的声音并会拿着铃铛玩的宝宝的年龄段是 3 ~ 5 个月，所以铃铛应该像铅笔那么粗才适合 3 个月的宝宝玩耍。

动弹的嘴唇

如果将手指贴在宝宝的嘴唇上，宝宝会将嘴唇向有刺激的地方移动。这时父母会觉得是宝宝饿了，但出现这种现象其实不是因为宝宝饿了，而是因为宝宝会对嘴唇上的刺激做出反射性反应的缘故。这时如果给宝宝奶嘴，他们会反射性地开始吮吸奶嘴。

当宝宝听到某种声音受到刺激之后，会全身紧张，甚至哭闹。这时如果给宝宝咬上奶嘴，他们就会将注意力转移到嘴部的刺激上，会逐渐稳定下来。出生不到3个月的宝宝非常容易紧张，所以我建议父母在这个时期好好利用奶嘴来安慰宝宝。

如果宝宝总是在睡觉的时候咬着奶嘴容易得中耳炎。所以宝宝在睡觉的时候最好不要使用奶嘴，而是要在醒着的时候使用。

因为有传闻说给宝宝使用奶嘴会降低宝宝对母乳的摄取，所以一些专家正在研究这一问题，但是目前的研究结果还无法说明给宝宝使用奶嘴会降低宝宝对母乳的摄取。不管有没有给宝宝使用奶嘴，宝宝都有可能出现母乳摄取不足，所以每过两周要测量一下宝宝的体重并运用成长曲线确保宝宝的体重增长率没有下降。因此，父母没有必要担心给宝宝使用奶嘴会降低宝宝对母乳的摄取，而是应该通过按周期测量体重的方法确保宝宝的成长，如果宝宝体重增长不太明显，就有必要给宝宝食用奶粉来补充营养。

宝宝发育游戏

刺激小肌肉运动发育的游戏

❶ 在宝宝醒着或睡觉的时候给他手里握一个小球，帮助宝宝伸展他的手，这样有助于手部肌肉的发育。

❷ 父母握着宝宝的手轻轻地反复揉擦毛绒玩具，以帮助宝宝伸展自己的手。

宝宝的情感调节能力

如何安慰哭闹的宝宝

将刚出生的宝宝带回家之后，让众多新手父母不知所措的瞬间就是宝宝哭闹的时候。宝宝哭闹的声音有相对温顺的哭声，也有尖锐而凌厉的哭声。宝宝自出生起就可以听到声音、闻到气味、品尝味道了，所以就算他们不饿或尿布没湿，也会因为很多其他的原因而哭闹。

在安慰哭闹的宝宝之前，父母最好给他们提供可以自己调节外部刺激引起哭闹的机会，这样有助于提高宝宝的情绪调节能力。父母在抱起宝宝之前，可以给他们听铃铛的声音或让他们听妈妈安抚的声音。如果这时宝宝还是哭闹不停，父母可以给他们咬上奶嘴或将他们放在摇摆床上，最后才应该抱起宝宝安慰他们，这种方法有助于提高宝宝的情绪控制能力。

如果父母一整天都抱着宝宝

反而会降低宝宝的情绪调节能力，并会使抚养人消耗大量的体力。如果抚养人时常感到疲倦就容易得抑郁症，而这种抑郁症会引起抚养人对宝宝的放任和虐待。所以宝宝哭闹的时候除了把他们抱起来的方法之外，很多其他的方法都应该被推广。

TIP 各个阶段安慰新生儿的方法

 第一阶段　提供视觉上的刺激。
给他们看妈妈的眼睛或自己喜欢的玩具。

 第二阶段　提供听觉上的刺激。
给他们听妈妈温柔的声音或玩具的声音。

 第三阶段　使用奶嘴。
吮吸奶嘴的行为可以减少宝宝的不安情绪，是一种非常传统的方法。

 第四阶段　将宝宝放在婴儿座椅或摇摆床上，然后再轻轻摇晃婴儿座椅或摇摆床。
比其他任何方法都有效的方法就是轻轻摇晃宝宝来刺激他的前庭器官。前庭器官在耳朵里面，当头部被轻轻摇晃的时候前庭器官就会一起受到刺激，它能给我们提供一种稳定感。当宝宝不到3个月的时候，宝宝哭闹时身体便会不自觉地动起来，所以把他们放在婴儿座椅里的时候要用毯子裹好。

 第五阶段　抱着宝宝给他们听"嘘——嘘——"的白色噪音，可以同时刺激他们的听觉和前庭器官。
抱着宝宝摇晃他们的身体也是间接地刺激前庭器官的方法，而且这个方法不会损伤宝宝的大脑。

宝宝的
发育状况
Q&A

出生至3个月

视觉发育

Q 不太容易和宝宝对视。

宝宝有100天了，有时候可以和他对视，但有些时候如果我试着和他对视，会感觉到他在躲避我的眼睛。丈夫说他很容易就可以和宝宝对视，宝宝有可能只是不和我对视吗？

A 有些妈妈为了知道宝宝会不会和自己对视，就面无表情地一直追看宝宝的眼睛，此时，宝宝会不明白对视行为的意义，从而躲避妈妈的眼神。不要总是试着和宝宝对视，可以暂时将目光从宝宝身上移开，然后重新看向宝宝的脸，并发出声音来达到听觉上的刺激，同时微笑着和宝宝对视。新手妈妈可能因为着急，所以盲目地和宝宝对视，这会给3个月大的宝宝造成不安，所以他们才会躲避妈妈的眼神。

Q 宝宝好像看不清东西。

宝宝现在2个月10天，足月出生，当时的体重是2.6千克。新生儿时期我对这种现象不以为然，但宝宝眼睛的焦点总是在我额头上方，从没有和我对视过。把手放在宝宝眼前，他也不会眨眼，可以很明显地看出来他没有在看东西。所以几天前我带着宝宝去接受了眼科检查（角膜和视神经检查），但医生说没有任何问题。眼科医生建议我带他去儿科医生那边咨询发育迟缓的现象，我要去哪里呢？视觉也会出现发育缓慢的情况吗？

A 如果宝宝的视线焦点一直在额头上方，有可能是因为大脑发育缓慢，或者有视力上的问题和大脑运动区域的问题。由于观察宝宝的反应不太容易，所以很难给他们提供视觉上的刺激。因此，可以通过会发声的玩具刺激宝宝进行持续性的观察。宝宝醒着的时候要让他趴着，然后在他头顶上方提供听觉刺激，让他努力抬头。如果考虑到可能患有大脑发育方面的问题，所以需要去医院进行诊断。

听觉发育

Q 不知道宝宝能不能听清楚。

我是一位新手妈妈，我家宝宝有7周。从这周起，宝宝可以控制自己的脖子了，而且已经有一段时间会与我对视和笑了。但是给他听铃铛响声，他好像没有对声音做出反应，而总是看着我的脸，如果我不给他看我的脸，他会四处转头寻找我的脸。我不知道他有没有对声音做出反应，是我太多虑了吗？可以告诉我在家里操作的测试方法吗？我应该去医院做检查吗？

Ⓐ 如果宝宝在凝视妈妈的脸，那么他们很难听到外部的声音。为了让宝宝对声音做出反应，妈妈应该让宝宝看向没有花纹的墙壁，然后进行检测。如果7周的时候看不太出对听觉的反应，可以在4个月15天大的时候再做一次检查。在宝宝7个月15天之前，一周只能够进行一次听觉刺激游戏，如果做得太频繁，宝宝是不会对相同的声音做出反应的。同时要注意，应该用各种不同的声音进行检测。

大肌肉的发育

Ⓠ 可以让只有3周大的宝宝趴着吗？

宝宝只有3周4天。看到老师的文章之后想过要让宝宝趴着，但是宝宝哭得太厉害，导致我不忍心让他趴着。第一次让他趴着的时候，他哭了20分钟左右，然后睡着了。睡了大概40分钟之后醒来又继续哭，所以我就让他躺着睡。应该怎样调整让宝宝趴着的时间？宝宝哭的时候可以继续让他趴着吗？宝宝哭完之后给他喂奶时，发现他会偶尔动弹胳膊及手脚，表现出吃惊的样子。这是不是说明宝宝受到惊吓了？宝宝趴一会儿之后开始哭，我分不清他是因为趴着而哭还是因为肚子饿才哭。

Ⓐ 对于不到3个月的宝宝，只需要在他们心情好的时候让他们趴1～2分钟就可以锻炼大块肌肉。让宝宝俯卧时，最好把手放在宝宝的屁股上轻轻摇晃。在宝宝的头边放一个会发声的玩具，帮助宝宝将注意力集中在玩具上。如果宝宝开始哭闹，不要抱住他们，应该把宝宝放在婴儿座椅上轻轻摇晃。如果让不到3个月的宝宝哭太久，宝宝会出现全身僵硬、手脚抽筋的现象。

Q 让宝宝趴着，他的头只会转向一个地方。

宝宝已经出生54天了。让宝宝躺着的时候，他的头会朝着各个方向转来转去。但是只要让他趴着，他就只向左边转头，如果我把宝宝的头转向右边，他会哭着醒来重新把头转向左边，醒着的时候把他的头转向右边他也会哭。由于躺着的时候头会转向各个方向，所以并不像是患有斜颈，但他趴着的时候为什么偏好左边呢？我担心这样下去会不会使脖子固定在一个方向上。

A 就像大人们一样，宝宝的头也是有一侧比另一侧更容易翻转。请不要强制转动宝宝的头，让宝宝的脸面向阳光照射的地方，就可以自然地让宝宝把头转向反方向。

Q 我担心抱着宝宝的时间太久了。

10周大的宝宝现在和祖母及曾祖母生活在一起，所以几乎一直被别人抱着。新生儿时期由于躺着的时间较长，宝宝会自己活动身体，所以人们说他应该很快就可以自己翻身了。但是回到婆家之后，宝宝大部分时间都被抱着，所以他不想躺着，就算有时躺在床上，他也只会看着头上的玩具，如果让他趴着，他会感到非常累。白天我会故意让他趴着，但这样他会比平常睡得更久，醒来之后会挣扎。因为宝宝总是想被别人抱着，所以家里没人的时候我会故意不理他，就算他哭闹，也会让他自己一个人待着，这种做法正确吗？据说出生后过了100天就不会那么闹人了，这是真的吗？

Ⓐ 周围有很多人时，宝宝肯定会经常被别人抱。就算时间很短，也要让宝宝在醒着的时候趴着。但是最好不要阻止祖母和曾祖母抱着宝宝。所以要挤出时间让宝宝趴着，并轻轻摇晃他的屁股。

Ⓠ 我的宝宝讨厌别人抱他。

我的宝宝是个男孩，已经满2个月了。他从新生儿时期就不喜欢别人抱他，所以喂奶的时候也要让他躺着喝奶。宝宝躺着喝奶的时候也会全身用力，感觉比别的宝宝要严重。哄他睡觉的时候偶尔会抱着他，但宝宝会一直揉脸，看起来好像很不舒服，而且由于一直用力，所以脸会变得通红。其他人抱他也一样。我想知道他是单单不喜欢别人抱他，还是由于其他原因才造成这种异常情况。

Ⓐ 有些宝宝会对身体上的接触感到紧张，哄他睡觉的时候，请将宝宝放在婴儿座椅上，喂奶的时候也可以放在婴儿座椅上。

Ⓠ 宝宝出生刚过100天，但非常喜欢站着。

我们的宝宝是个女孩，有102天了。她在2个月的时候就可以抬头了，第一次成功翻身是在85天的时候。宝宝趴着的时候，如果在她面前放一些喜欢的东西，她会笑得很开心，并为了抓住那些东西而努力活动胳膊和腿。前几天抓住她的胳肢窝让她坐在了爸爸的腿上，她非常高兴。但是最近她不喜欢坐着，稍微支撑住让她站起来，她会自己活动着腿部，总想站着。我担心这样会不会对腰部和腿部造成过度的压力。

Ⓐ 为了和宝宝玩耍，偶尔让宝宝站起来是可以的，但是长时间让宝宝站着会妨碍她的爬行。就算宝宝充满能量，也要让她趴着才能促使宝宝进行爬行的动作。就算宝宝哭闹，也不要让她站着。醒着的时候最好让宝宝趴着，并在她的头边放一些可以发出声音的玩具，从而让宝宝听到声音后练习转头。

Ⓠ 可以故意让宝宝坐着吗？

我家宝宝有100天了。我给宝宝看书的时候，会不由自主地让他坐在腿上或地上。我想知道，这样让宝宝坐着会不会对他的发育造成影响。

Ⓐ 100天的宝宝只发育到了可以自己抬头的阶段。背部、腰部和屁股等部位的运动神经还没有发育完全，所以最好不要让宝宝坐着。给宝宝看书的时候，可以让宝宝趴着，等他抬头之后再给他看，或者也可以让宝宝坐在婴儿座椅上看书。可以偶尔抓住宝宝的胳肢窝，让宝宝坐在大人的腿上。

Q 可以让宝宝吸空奶嘴吗？

我的宝宝是个女孩，刚刚过100天。由于抱着她的时候总是吮吸手指，所以给她咬上空奶嘴了，但是后来发现她在睡觉的时候也想吸空奶嘴，可以让她吸吗？目前宝宝还没有完全习惯睡觉的时候吸奶嘴，所以不给她奶嘴也不会哭闹。我觉得应该满足宝宝想吸奶嘴的需求，但是大人们都说最好不要让宝宝吸奶嘴，所以我感到非常苦恼。如果偶尔吸奶嘴是可以的，那么什么时候、吸多久最好呢？睡觉的时候可以让她吸奶嘴吗？开始吸空奶嘴之后，宝宝喝奶的量变少了，那么让宝宝吸奶嘴可以防止宝宝暴食吗？

A 出于保护手指皮肤的目的，吸空奶嘴比起吮吸手指好一点。可以试着让宝宝吸奶嘴直到她入睡，等她睡着之后再轻轻地拿出来。因为宝宝睡着之后虽然会咬着奶嘴，但不会再吮吸奶嘴。另外，如果觉得吸奶嘴之后宝宝喝奶的量变少了，可以每两周测一次体重，按照成长曲线确认宝宝的成长状况，如果体重增长率没有减少，就不用担心。宝宝在无聊的时候和紧张的时候更想吸手指。如果已经过了100天，可以让宝宝手里拿着铃铛，防止她吸手指。

Q 两只手的动作不一致。

我的宝宝是11周大的男孩。大概在2周前，我发现他两只手动作不一致。如果我把铃铛放在他的右手里，他会一直拿着铃铛，而左手握不住铃铛，总是掉。而且不能弯手臂，只会在伸着胳膊的状态下拿着铃铛。但不拿铃铛的时候，右手也可以自由弯曲，并且能做很多动作，可是左手总是伸展着，而且动作非常少。我想知道，出现这种现象是因为年龄小，还是有其他问题呢？我感觉宝宝扭转身体时动作做得非常大，这个和手的动作有关系吗？我想知道是不是应该做发育检查？

Ⓐ 一般运动发育都是一侧比另一侧更快，所以会出现这种一只手可以轻松摇晃铃铛，但是另一只手无法握住铃铛并无法摇晃的情况。只有一只手发育正常也属于正常情况。

情感调节能力

Ⓠ 嫉妒心非常强。

我的宝宝只有24天。我很犹豫现在做这种咨询是不是对的。但是最近宝宝变得嫉妒心极强，开始哭得非常厉害，一定要大人背他，他才会停止哭闹。但并不是每次都这样，这种情况一般一天出现两次左右，如果前一天睡得久情况会变得严重。如果宝宝哭得太厉害，我想让他自己慢慢停下来，但是大人们认为那样会让宝宝将来性格变差。这是真的吗？新妈妈有很多事情都不懂，感到非常困扰。

Ⓐ 如果妈妈对宝宝的哭闹感到不安，妈妈的不安情绪会感染到宝宝，很难让宝宝的情绪变得稳定。所以当宝宝哭闹的时候，妈妈请做深呼吸，努力让自己先稳定下来。背着宝宝走来走去会用到成人的大肌肉，比起用手抱住宝宝，这是对成人和宝宝都有利的方法，也是让宝宝情绪稳定下来的

最好方法。如果感到身体疲倦，可以把宝宝放在婴儿车里慢慢推来推去，摇晃的刺激可以让宝宝的情绪变稳定。另外，还可以利用空奶嘴。如果宝宝是因为不想待在家里而哭闹，那带着宝宝出去就可以让宝宝停止哭闹。比起让宝宝一个人待着，使用一些让家长不太累的方法会更好。

Baby Column ❶

1个月大的宝宝
需要做发育检查吗?

　　我曾经接触过一个在出生4个月后被诊断为先天性甲状腺功能低下的宝宝,他当时已经7个月大了。如果早期没有发现患有甲状腺功能低下,会造成宝宝智障。由于甲状腺功能低下,无法分泌大脑发育必备的甲状腺激素或分泌不足,这样就会造成大脑发育缓慢。每5000个人中有一个人会得这种病,要在出生后尽早检查并发现,然后通过注射甲状腺激素来预防智障。

　　患有先天性甲状腺功能低下的宝宝,其特征是舌头太大而伸到嘴外或皮肤干涩。另外,这些宝宝会睡很久,所以可能被误认为是比较好照顾的好宝宝。但是宝宝睡得久是因为他们大脑功能低下,所以这不是一件值得高兴的事。宝宝的脸部和皮肤的异常状况会在注射甲状腺激素之后恢复正常。

但是前面提到的宝宝由于到 4 个月的时候才被发现，所以药物注射晚了 3 个半月。对于 7 个月的宝宝来说，延迟 3 个半月的发育意味着延迟了 50%，所以他被诊断为严重的发育迟缓。

有养育幼儿经验的父母看到宝宝睡得很久并外表也有异常，就在每次打预防针的时候进行咨询过。但是得到的回答都是"孩子还小，再等等吧"，最后妈妈等不及了，找了一些关于发育迟缓的书籍，发现孩子的症状和先天性甲状腺功能低下非常相似，所以立即去大医院的儿科说明了情况，并要求做了血液检查，开始了药物注射。一年后，孩子虽然成长为一个健康的孩子，但还是出现了轻微的智障现象。

就像癌症的早期发现非常重要，有些类型的发育迟缓如果在早期发现了，就可以改变整个家庭的命运。所以一定要从宝宝出生起就进行发育检查。希望父母尽早改变对婴儿发育检查的认识，不再问我"出生 1 个月的宝宝需要做发育检查吗？"之类的问题。

背着宝宝
是危险的?

在未满 6 个月的宝宝中，一些趴着睡觉时猝死的事例呈增加趋势，所以绝对不能让宝宝在睡觉的时候趴着，不然会有猝死的危险。婴儿猝死的原因现在还不清楚，人们认为婴儿猝死的原因并不是婴儿盖着棉被睡觉时鼻子被堵住而死亡的。

但是如果想让宝宝尽快抬起头，就要尽量在宝宝醒着的时候让他们趴着。

下面这件事情是我在大学附属医院的儿科经营发育诊所时发生的。

一位年轻的妈妈和自己的母亲一起带着宝宝走进了检查室。她的表情看起来非常不安。她们来找我的原因是 9 个月的宝宝还不能自己爬行。看宝宝的眼睛就可以分辨出宝宝是因为大脑发育迟缓而造成运动发育迟缓，还是因为单纯的运动发育迟缓而发生这种情况的。9个月的宝宝应该可以认脸了，所以看到陌生人时，宝宝会看人的脸色来决定给他微笑或只是小心翼翼地盯着他看。如果有这些表现，你就可以放心了。这个宝宝凝视着医务人员，对陌生人表现出了既好奇又紧张的样子。

但是宝宝伸手抓玩具的动作并不熟练，让他趴着时只能抬起头，无法用手肘支撑肩膀和胸部。虽然宝宝体格很大，但是在运动发育上表现出严重的迟缓现象。认知能力没有问题，出现运动发育迟缓的问题，大部分都是因为将天生就运动细胞不太发达的宝宝躺着养育的原因。我问她们："宝宝平时只会躺着玩耍吧？"这位妈妈立即告诉我说，当时怀孕的时候怀了双胞胎，但是怀孕3个月的时候一个宝宝流产了，所以她怀孕期间非常小心翼翼，好不容易才保住了这个宝宝。因为是好不容易才得到的孩子，所以宝宝出生之后他们就认为竖着抱孩子会让他感到累，于是就一直让宝宝躺着，就像对待一个宝物一样对待他。

只要是拥有正常肌肉紧张度和运动神经的宝宝，就算妈妈照顾得不太熟练，也会发育正常。但如果是肌肉紧张度稍微低一点，或者性格比较胆小、谨慎的宝宝，他们的运动发育情况就会跟妈妈的照顾程度有很大的关系。9个月都无法自己爬行的宝宝本来就比较胆小，加上妈妈抚养时把他当成宝物一样小心翼翼地对待，宝宝的运动发育就会迟缓到被怀疑有大脑障碍的地步。

在西方，宝宝出生前父母就会准备好婴儿专用床，并在那里面抚养宝宝。床上的床垫不是软绵绵的，而是使用比较硬一点的来支撑宝宝的身体。如果没有特别的异常情况，宝宝出生的时候都可以自己转头以防止鼻子压在床垫上无法呼吸。

宝宝醒着的时候让他们趴着才可以尽快培养宝宝抬头的能力。当然，抬头时间早并不意味着翻身或爬行的时间也会提早。但是如果宝宝可以自己抬头，就可以自己调节身体的动作，可以自由地看到这个世界，所以父母也会变得相对轻松。在宝宝醒着的时候，给他们机会让他们自己趴在铺着毯子的地板上独自抬头。这种做法必须从宝宝刚出生起就开始。等到 3 ~ 4 个月的时候，宝宝的背部肌肉就已经变得僵硬了，很难将自己的身体向后仰起来并抬起头，如果宝宝开始哭闹，受不了宝宝哭声的妈妈会立即将宝宝翻过来，让他们躺着。如果这样度过 3 个月，背着宝宝会变得非常困难。

如果觉得宝宝发育迟缓，那么在他醒着的时候最好背着他。另外，性格敏感胆小的宝宝也最好背着照顾，这样才可以使宝宝在哭闹过后，独自抬头见识这个广阔的世界。

"可以抬头
并向玩具伸手了！"

出生后的4～6个月是一个知觉发育、大肌肉运动发育、小肌肉
运动发育以飞快的速度提高的时期，也是一个体验自身周围环
境并开始用身体应对外部刺激的重要时期。另外，这一时期也
可以提早发现视力低下、听力差、运动障碍等现象，所以要细
心地观察宝宝如何对待周围的新鲜事物。

Chapter

02

4~6个月
宝宝发育状况

●主要发育目标●

视觉反应，听觉反应，皮肤知觉反应　　·确认是否患有缺铁性贫血
前庭器官反应，大肌肉运动发育　　　　·确认是否能对听觉刺激做出反应
小肌肉运动发育，语言发育　　　　　　·确认是否可以抬头
非语言认知发育，情感调节能力　　　　·观察手的操作和嘴唇的运动情况

"可以抬头
并向玩具伸手了！"

　　宝宝在 4 ~ 6 个月时就能看清楚妈妈的脸，并通过声音分辨家人。在准备爬行的时期，可以完成抬头动作、从上半身到腰部为止的运动，还有可能试图自己伸手抓住铃铛。

　　这个时期对宝宝的大脑发育非常重要的事情就是让宝宝接触各种各样的面部表情和声音。每天和宝宝在一起的家人数量越多，就会让宝宝的大脑神经网络发育得越活泼、越复杂。如果家人不够多，可以让邻居家的小朋友每天来家里玩。如果连可以到家里玩的小朋友也没有，就需要让宝宝听保安叔叔或小区超市阿姨的声音，这样才能让宝宝的大脑发

育正常进行。

宝宝出生后的 4 ~ 6 个月是皮肤知觉、大肌肉运动、小肌肉运动飞速发育的时期，也是一个体验周围环境并开始用身体应对外部刺激的重要时期。另外，这个时期也可以提早发现视力低下、听力差、运动障碍等现象，所以要细心观察宝宝如何对待周围的新鲜事物。如果在喂母乳，则无法准确知道输乳量，所以会出现宝宝体重增长率下降的情况。喂母乳时，需要每两周就利用成长曲线来确认宝宝体重增长情况。

这一时期还要每个月都确认头围的增加速度有没有减少或突然加快。如果头围增长率突然变慢，说明宝宝的头部发育比预期停止得快。相反，如果头围增长率突然变快，就说明有脑积水或肿瘤，所以要尽快到医院接受检查。这样就可以早期发现头围的增长率和减少率。

宝宝的身体测量

宝宝的头围

曾经有一位妈妈在研究所的网页上咨询过这样的问题：5个月的宝宝可以戴上满5周岁孩子的帽子，两个孩子的头部大小怎么会一样？量过5个月宝宝的头围发现，居然是超出正常生长曲线（97%）的超大头。对他进行发育检查后发现，虽然宝宝运动发育属于正常范围，但是认知发育呈现出了迟缓现象。

如果是普通的发育迟缓，不可能出现运动发育属于正常，但认知发育迟缓的现象。所以我判断他的颅内有肿瘤，建议他们尽快去医院进行诊断，并把他们委托给了曾经在一家医院一起工作过的小儿神经科医生。过了大概一个月后，那位妈妈给我寄来一封感谢信，说宝宝患有伴随脑积水的脑肿瘤并进行了手术。如果当时没有接受MRI检查，宝宝可能都无法活过1岁。

宝宝出生后至少每月测量一次头围，并按照成长曲线确认体重变化，那样才可以在早期发现宝宝患有脑积水或脑肿瘤的情况。

妇产科一定要在宝宝刚出生之后就测量头围，确认宝宝的头围是否属于正常范围，并将结果记录在纸上。儿科也要在宝宝来打疫苗的时候测量头围，与之前的尺寸作比较，如果宝宝的头围太小或太大，则需要再次确认有没有问题。

宝宝的体重和身高

出生4~6个月的宝宝，如果是母乳喂养，那么一定要按照成长曲线确认体重增长率。

但这种情况下很难确认宝宝吃了多少。尤其是性格温顺的宝宝，喝奶的时候很容易喝着喝着就睡着，所以一定要用成长曲线确认宝宝吸收了多少母乳。如果成长曲线上的体重增长率有所下降，但是无法给宝宝喂更多的母乳，则需要用奶粉补充必要的营养。英国伦敦大学的研究结果表

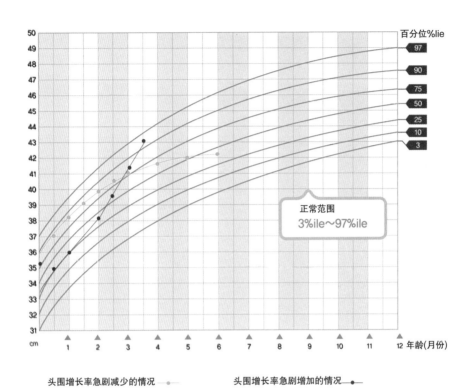

百分位%lie
97
90
75
50
25
10
3

正常范围
3%ile～97%ile

cm   1   2   3   4   5   6   7   8   9   10   11   12 年龄(月份)

头围增长率急剧减少的情况 ————   头围增长率急剧增加的情况 ————

明，出现成长迟缓和发育迟缓现象的宝宝中有很多是喝母乳长大的。出现这种现象的原因是喝母乳很难发现输乳量不足，所以无法在早期就发现问题。这种输乳量的不足会带来大脑发育的迟缓，所以对喝母乳的宝宝要更细心地做成长评价。

儿童发育研究所的一位工作人员在英国伦敦大学接受研究方法的训练之后，曾经进行过对于成长迟缓并缺铁的发育迟缓宝宝的研究。为了收集资料，他分析了当地保健所里所有宝宝的成长曲线。呈现出持续性体重减少趋势的宝宝都是长期生活在经济困

55

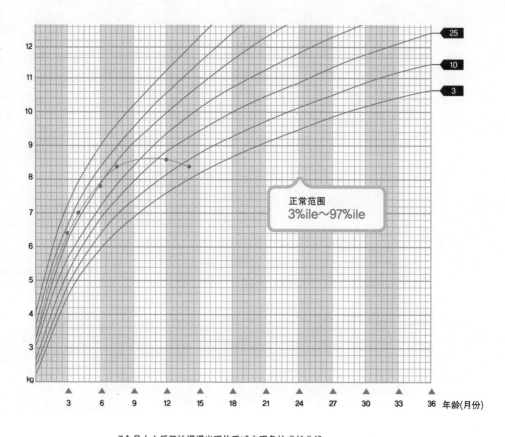

7个月大之后开始慢慢出现体重减少现象的成长曲线

难地区、无法接受保健所定期检查的宝宝。如果没有早期发现喝母乳导致的营养不足，就会导致婴儿时期的发育迟缓。

营养不足还会带来缺铁性贫血。曾经有一位年轻的妈妈，她

怀孕的时候在保健所听了我关于成长曲线重要性的演讲之后，自宝宝出生起每两周都会测量一次体重并喂母乳，后来发现宝宝体重增长率减少了。于是到医院接受血液检查，从而发现宝宝患有

缺铁性贫血，就开始给宝宝补铁。看来妈妈的母乳量有点少了。每次看到这种独自确认成长曲线的体重增长率的年轻妈妈，我都会感到非常欣慰。

婴儿时期缺铁不单单会引起贫血这个健康上的问题，还会阻碍大脑发育，所以为了防止发生大脑发育迟缓，需要及时发现宝宝是否患有贫血。缺铁的宝宝由于受到神经发育上的阻碍，行为会变得散漫，晚上会睡不着觉。如果没能及时发现，会导致发育迟缓。

出生6个月之前患缺铁性贫血的原因大部分都是母乳的量不足。所以如果决定喂母乳，就需要每两周都测量体重并确认成长曲线。测量体重时需要注意的是，带着尿布会因为尿布里的小便重量而导致体重不准确，所以要更换新的尿布之后再进行测量。

宝宝发育检查

正确的身体测量方法

·测量头围·

❶ 测量时期

出生后应立即测量，之后每个月都要测量一次头围，直到宝宝12个月。如果对头围增长率有所怀疑，那么需要每两周测量一次。

❷ **测量头围的方法**

• 利用会发声的玩具吸引宝宝的注意力，引导宝宝将注意力放在玩具上，而不是量头围的尺子上。

• 以宝宝的额头为中心，拿着尺子绕着头部转一圈，要绕得紧一点。

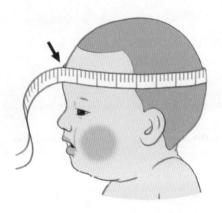

• 再进行一次测量，确认两次结果是否一致。如果两次测量结果不一致，需要重新进行测量，从而得出准确的数据。

• 记录头围尺寸（参照附录）。如果头围增长率比一个月前变快或变慢，就在两周后再进行一次测量。如果头围增长率连续两周急剧上升或下降，就需要接受小儿神经外科医生的诊断。

❸测定头围时一定要知道的

• 每个尺子的大小都可能不一样，所以每次测量都用同一个尺子可以
  减小误差。

• 进行测量的人发生变化也可能引起误差，所以最好由同一个人进行
  行测量。而且就算是同一个人进行测量，也要进行两次才能避免
  误差。

·测量体重·

❶ 在体重秤上放一个塑料盒子，在盒子里垫上纯棉尿布，让宝宝躺在那里的时候感到温暖。并将体重计的指针调到0。

❷ 测量将给宝宝穿的内衣的重量。

❸ 测量宝宝尿布的重量。

❹ 给宝宝穿上内衣和尿布，测量体重。

❺ 在总体重上减掉内衣和尿布的重量，算出宝宝的体重。

❻ 准确计算宝宝的年龄，在成长曲线（参考附录）上对应的地方做好标记。

·如果没有适合宝宝测体重的塑料盒子

❶ 测量妈妈的体重。

❷ 测量妈妈抱着宝宝的体重。

❸ 测量宝宝的内衣和尿布的重量。

❹ 在妈妈抱着宝宝测量的体重上减掉妈妈的体重及宝宝内衣和尿布的重量，算出宝宝的体重。

宝宝的视觉发育

可以清晰地看到妈妈的脸

宝宝出生4个月就可以清晰地看出妈妈的长相。到5个月时宝宝就会试着伸手抓住桌子上的小豆豆。因为3个月的时候就可以形成持续凝视事物及双两眼同时关注一个事物的能力，所以4个月的宝宝会凝视一会儿后试图伸手抓住离自己20厘米的玩具。

4个月大的宝宝可以分辨出人们的脸部表情，所以他们对照镜子会非常着迷。这时他们虽然可以认出镜子里妈妈的样子，但无法认出自己的样子，所以会非常感兴趣。到6个月的时候，宝宝看着镜子里自己的样子会感到非常开心，并试图伸手摸镜子里的自己。

很多妈妈努力一整天也无法让4个月左右的宝宝成功和自己对视，所以会来找我进行咨询，

TIP 婴儿喜欢的图片

将下列各个图片分别展示给6周大和12周大的宝宝，我发现6周大的宝宝会根据视觉信息的差异呈现出喜好上的不同，但是12周大的宝宝更喜欢人脸图片。所以不用努力给1~2个月的宝宝提供特定图案的视觉刺激，但是给3个月的宝宝看人脸或人脸形状的玩具，他们会努力凝视它。

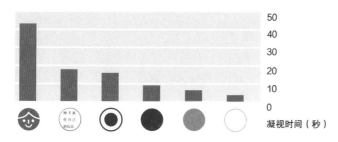

凝视时间（秒）

__ Dannemiller, K. L., & Stephens, B. R. (1988)

A Critical test of infant pattern preference model. Child Development, 59, 210-216.

问我宝宝不能和自己对视是不是自闭症的症状。遇到这种情况首先要考虑到是不是昨天对视了，但是今天没有对视，那就有可能是昨天做了太多的对视游戏。宝宝会将妈妈面无表情的脸部当做没有意义的刺激，因而会躲避妈妈的眼睛。所以这时需要叫着爸爸或其他人的名字（听觉刺激）并尝试让他们与宝宝对视。如果宝宝和家里的其他人都进行对视，只躲避妈妈的眼睛，那就说明妈妈试图和宝宝对视的次数太多了。

到出生后3个月为止，吸引宝宝眼球的是没有特定模式的图案。但是到4个月的时候，宝宝就会分辨出人类的脸部特征，对自己所熟悉的有规律的图案感兴趣，所以穿着有人脸图案的衣服会给宝宝提供视觉上的快乐。

曾经有一位妈妈说宝宝发育迟缓，来找我们咨询。经营着小超市的她，在超市后面的小房间里抚养宝宝。由于宝宝性格温顺，所以只会在肚子饿的时候哭闹，妈妈也只会在宝宝哭的时候进房间喂奶。房间的墙上有白色系的壁纸，窗户上的窗帘也是白色系的，结果宝宝就一直待在没有任何视觉刺激的地方，从而因为不知道该看向何处而感到不安。当然，宝宝也没有受到听觉刺激，所以没有机会活动身体，导致了运动发育迟缓。对于患有先天性视力和听力障碍的宝宝，视力和听力的损伤会带来运动发育迟缓，所以应及时进行治疗。

如果想给宝宝视觉上的刺激，可以贴上条状的壁纸，而不是换掉整个壁纸。给宝宝穿五颜六色的衣服，也可以让宝宝看着自己的衣服得到视觉刺激。

视觉反应检查

❶ 微笑着和宝宝对视，突然做出严肃的表情或张开嘴巴大笑。可以看到宝宝随着妈妈表情的变化表现出紧张和不安的样子。如果说新生儿时期宝宝会盲目模仿妈妈的表情，那么长到3个月大的时候就会理解妈妈的表情，感到幸福或感到不安。

▶ 4个月15天 ◀

▲ 妈妈表现出紧张的表情时

▲ 妈妈展示微笑的表情时

63

❷将可以发出声音的玩具放在离宝宝眼睛20厘米的地方，让宝宝凝视玩
具。如果宝宝凝视了玩具，就开始左右慢慢移动玩具，观察宝宝的眼
睛是否会跟着玩具移动。

▶ 4个月15天 ◀

❸以5厘米的幅度上下移动玩具，观察宝宝的眼睛是否会跟着玩具移动。

▶ 4个月15天 ◀

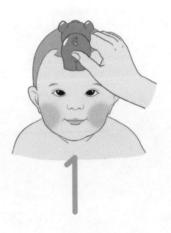

❹用玩具画出圆形的轨迹，观察宝宝的眼睛是否会跟着玩具移动。

▶ 4个月15天 ◀

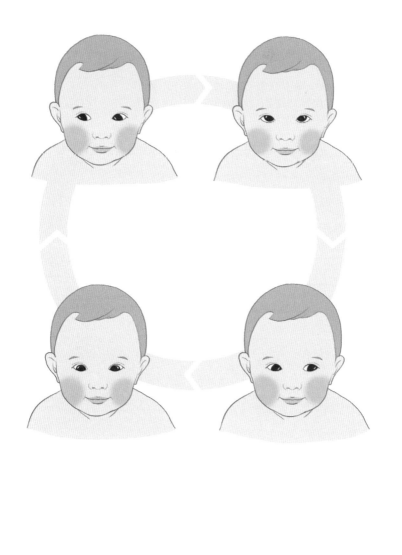

❺ 在离宝宝20厘米的地方放一颗豆豆，观察宝宝是否会看着豆豆并试图抓住它。如果宝宝视力不太好，宝宝虽然可以凝视豆豆，但无法把手放到准确的位置上，会经常抓空。

▶ 6个月15天 ◀

★ 当大块肌肉运动发育出现迟缓的现象时，在实行以上的这些检查的过程中，宝宝是很难表现出适当的视觉刺激上的反应的。

宝宝发育游戏

视觉刺激游戏

❶ 类似可以发出"汪汪"声音的小狗玩具可以吸引宝宝的注意力，从而对宝宝产生视觉上的刺激。

❷慢慢滚动小球，可以练习宝宝的眼睛跟着小球移动，有助于宝宝的视觉发育。

❸家人移动,宝宝的眼睛也会跟着家人移动。穿着五颜六色的衣服在宝宝面前走动,可以让宝宝的眼睛跟着转动。

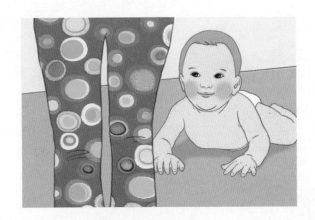

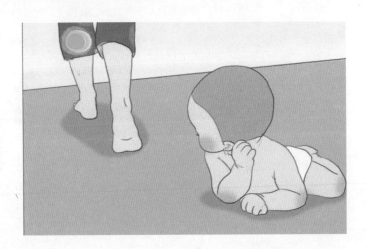

❹跟宝宝对视之后摆出各种各样的表情，然后观察宝宝的反应。这样有助于宝宝的视觉发育。

❺妈妈可以用各种颜色装饰自己的衣服或脸，比起白色和蓝色等纯色的衣服，印有卡通人物的彩色衣服会更好一些。由于宝宝的视野还不是很广，小一点的卡通人物比很大的卡通人物更适合。为了和宝宝形成良好的亲子关系，可以涂口红、使用漂亮的发卡、穿着有小卡通人物的T恤来给宝宝提供愉快的视觉刺激。

宝宝的听觉发育

宝宝会朝着有声音的方向转头

出生后第 4 个月（3 个月 15 天至 4 个月 15 天）是宝宝抬头的重要时期。可以抬头意味着宝宝能按照自己的意愿向左或向右转头，所以宝宝会朝着有声音的方向转头。

如果在宝宝 3 个月的时候反复给他听玩具的声音，而且宝宝会朝着有声音的方向非常缓慢地动一下头，那么在 4 个月的时候只要给他听一次声音，宝宝就可以朝着有声音的方向转头。不仅如此，在离宝宝 20 厘米远的地方摇铃铛，宝宝就会经过一番思考后朝着有声音的方向转头。当然，他们只会对自己喜欢的声音做出反应，如果宝宝不向铃铛的方向转头，可以试试其他声音。6 个月的时候宝宝会认识更多种声音，并朝着有声音的方向转头。

根据声波测量宝宝分辨声音的测试在 7 ~ 9 个月的时候进行。

在宝宝 6 个月左右的时候只要给他们听日常生活中可以轻易听到的声音，并观察他们会不会向有声音的方向转头就行。由于宝宝会对多样的声音感兴趣，所以给他们多买几个可以移动发声的玩具会更好。如果家庭成员人数较多，宝宝可以听到很多不同的声音。但是大部分家庭都不是那样的，所以需要购买会发声的玩具，像小鼓和玩具钢琴那样敲打的时候发出声音的玩具是最好的。

宝宝可以根据音调听出家人的心情，所以最好不要在宝宝面前大声吵架。对于 0 ~ 3 个月的宝宝，吵架的声音只是一种噪音。但是 4 个月以上的宝宝可以听出这是带有感情色彩的具有消极意义的声音，所以一定要小心。

如果家人在家里经常唱歌，宝宝会感到非常开心。如果家庭成员人数不多，可以让拜访的客人们哄宝宝，或者带着宝宝出去听听陌生人的声音，这对于刺激宝宝的听觉也是很重要的。

听觉反应检查

▶ 4个月15天 ◀

❶妈妈盘腿面对墙坐着，爸爸在妈妈背后20厘米处的地方发出1～2秒钟的短暂声音。观察宝宝会不会向有声音的方向转头。铃铛、手机音乐、摇晃钥匙等声音都可以尝试。

★ 如果宝宝对听觉刺激做出适当的反应，应在7个月大的时候再做一次检查。

宝宝发育游戏

听觉刺激游戏

妈妈可以

❶ 看着宝宝并用很多种不同的声音讲话。

❷ 在宝宝看不到妈妈的情况下叫出他的名字，引导宝宝寻找妈妈的声音。

❸ 让宝宝接触可以移动着发出各种声音的玩具。

★ 如果宝宝对一个新的声音做出哭闹的反应，则应该中断声音刺激。

宝宝的皮肤知觉发育

身体接触

温柔的身体接触有助于提高宝宝的免疫力。因此，日常生活中可以经常与宝宝进行身体接触。

有研究结果表明，对于育婴箱里的宝宝来说，轻轻揉按的深层按摩比只刺激表层皮肤的按摩更有助于宝宝成长。尤其是将宝宝的胸部贴在妈妈的胸部并轻揉背部的"袋鼠护理法"，非常有助于形成妈妈和宝宝之间的亲子关系、稳定宝宝的呼吸，所以很多早产儿都通过这种方法进行护理。

通过皮肤刺激引起的体重增长会对早产儿的大脑发育产生影响，所以意义重大。但是对于出生体重正常的宝宝来说，体重的增加并不会对大脑发育产生直接的影响，所以给他们使用"袋鼠护理法"也并不会有助于体重的增加和大脑发育。因此对于正常体重的宝宝，妈妈不需要采用袋鼠护理法。因为日常生活中给宝宝喂奶或给宝宝擦身体乳等一般的育儿活动也可以提供充分的皮肤刺激。

按摩可以促进宝宝的肠胃运动、促进血液循环，还可以安神。妈妈可以在不太累的时候和宝宝一起通过按摩进行亲子交流。

宝宝的前庭器官反应

可以提供安全感的前庭器官刺激

对于前庭器官的刺激是头部运动时，耳朵里的前庭器官受到的刺激传达到大脑里，从而感觉到的反应。轻微摇晃身体，头部也会收到轻微的晃动，这样可以稳定人们的情绪。相反，剧烈摇晃身体时头部也发生剧烈的晃动，会让全身紧张起来、感到恐惧。也就是说，头部发生晃动的时候，身体为了不失去平衡而想要维持平衡感，但是头部剧烈的晃动会让人感到失去平衡感，生命受到威胁，从而产生恐惧的心理。

宝宝在妈妈肚子里的 10 个月内一直受到身体和头部晃动的刺激，所以轻轻地摇晃宝宝带来的刺激感会让他们感到安全。但是一定不能抓住宝宝的身体直接摇晃，而是要将他抱起来，晃动妈妈自己的身体，将刺激传递到宝宝。如果用双手抓住宝宝剧烈摇晃，宝宝的大脑会和头盖骨发生碰撞，引起大脑损伤。

4~6个月的宝宝可能会因为背部过度用力导致背部肌肉僵硬，所以最好按照宝宝在妈妈肚子里的样子抱住宝宝并轻轻摇晃他。宝宝会在摇晃的刺激中获得安全感。

宝宝发育游戏

前庭器官刺激游戏

❶宝宝哭闹的时候，可以试着将他们抱在怀里，并做轻微的蹲起活动这样可以刺激宝宝前庭器官，让宝宝感觉到安全。抱着宝宝轻轻走动或爬楼梯也能达到这样的效果。

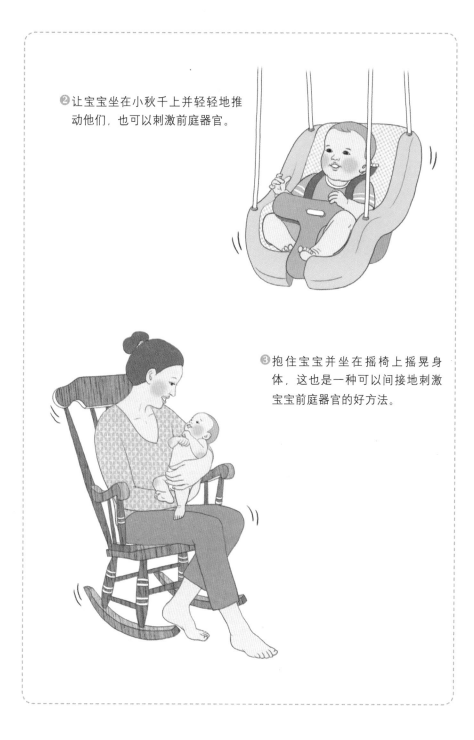

❷让宝宝坐在小秋千上并轻轻地推动他们，也可以刺激前庭器官。

❸抱住宝宝并坐在摇椅上摇晃身体，这也是一种可以间接地刺激宝宝前庭器官的好方法。

❹爸爸仰卧在床上，将宝宝放在自己的双腿上，让宝宝感觉自己在坐飞机。这样也可以摇晃身体并提供刺激。

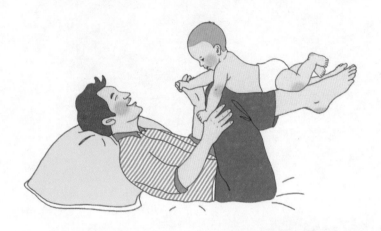

❺用双手抓住宝宝，向上举起来，然后放下。注意，双手绝对不能离开宝宝身体。

❻让宝宝坐在巨大的球上，上下轻轻弹动。

⑦让宝宝趴在大球上，前后轻轻摇晃大球。

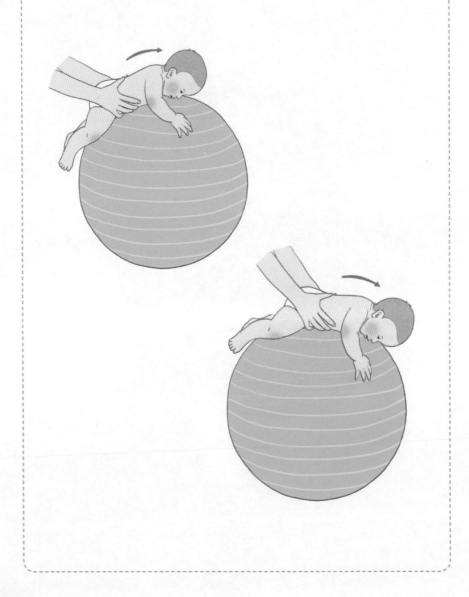

❽站在镜子前，让宝宝看到自己的脸和妈妈的脸。双手抓住宝宝肚脐两侧，让宝宝的上半身向右倾斜15°左右。如果上半身倾斜了，宝宝会向反方向转头，试着维持平衡，维持5秒钟之后，让身体恢复原状并休息5秒钟。然后向左倾斜15°，维持5秒钟，之后身体恢复原状，休息5秒钟。可以反复进行2～3次，但是这个动作一定要在宝宝感到开心的时候做，如果宝宝感到恐惧并开始哭闹，要马上停止。

宝宝的大肌肉运动发育

上半身可以抬起

出生 4 个月的宝宝可以完全抬头，趴着的时候上半身可以抬起到肚脐以上，还可以向发出声音的方向转头。另外，还可以向着距离自己 20 厘米远的玩具伸手并抓住它。让宝宝站着虽然可以让他们腿部用力，但是由于运动发育只发育到了胸部，经常让宝宝站着可能延迟宝宝学会走路的时间，所以不要经常让宝宝站着。经常让宝宝趴着才能让他们抬起上半身，然后进行爬行。在宝宝醒着的时候都应该让他们趴着，这样才可以促进运动发育。

到 5 个月的时候，宝宝可以抓住桌子上的小玩具。醒着的时候要多让宝宝趴着，躺着的时候最好把宝宝放在婴儿座椅上，让上半身抬起 45°。经常让宝宝们躺着，虽会促进背部肌肉发育，但也会让翻身和伸手抓住玩具变得更难。

长到 6 个月的时候，宝宝还可以弯腰碰自己的脚，他们会用嘴吸自己的脚。趴着时，宝宝甚至还可以用双手臂抬起上半身。如果不能将手臂向前伸，他们会将胳膊向两边伸出去，然后在肚子上用力。要一直帮助宝宝将双手伸到前方，用自己的胳膊支撑住上半身，将上半身抬起至肚脐处。

这时宝宝虽然可以暂时坐着，但是最好要避免。如果让宝宝坐着，他们不会试图自己活动身体爬行，只会哭闹着让别人抱。出生 6 个月后应该可以伸出手抓住桌子上的小豆豆。但如果这个时期无法抓住小豆豆，要考虑到宝宝是不是视力不好。

4 ~ 6 个月的宝宝可以在趴着的状态下用胳膊支撑上半身，将上半身抬起至乳头的位置，并可以稳定地做出这个姿势。

到 5 ~ 6 个月的时候，宝宝可以用手掌支撑胳膊，将上半身提起至肚脐的位置。这种动作会使手肘向外弯曲。宝宝抓物体的

▲让宝宝自己坐着的时候上半身倾斜的样子
（尽量不要让4～6个月的宝宝坐着）

时候，要让他们学会熟练地操作手肘，这是一项非常重要的动作。运动细胞发达的宝宝可以在6个月的时候用肚子推着身体爬行，也可以独自坐起来。

　　这时期最重要的育儿方法就是多给宝宝提供可以在趴着的状态下独自抬起上半身的机会。宝宝趴着的时候，在他们眼前方放一个可以出声的玩具，这样的话

宝宝会试图追逐声音，努力抬起上半身。如果发出声音的玩具还可以移动，宝宝会用胳膊支撑上半身，并向玩具转头。

　　6个月大的宝宝的运动发育会发展到腰部，所以让宝宝坐着的时候一定要支撑住他的背部才能让他维持平衡，保持坐着的姿势。由于运动发育还没有发展到屁股，所以让宝宝坐着时，他们

的上半身会向前倾斜，用两只胳膊支撑上半身。因为宝宝这时还不能挺起肚子坐着，所以最好不要让他们坐在地板上，以免给身体造成伤害。

到6个月的时候，宝宝会试图从婴儿座椅里出来。如果是暂时性地让宝宝坐着，可以让他们悬空坐在婴儿学步车上。但还是要尽可能多让宝宝趴着，给他们创造可以自己爬行的条件。

在我工作的保健所会定期为宝宝进行发育检查。妈妈带着4个月还不会抬头的宝宝来到了儿童发育研究所，进行发育检查的时候，我们让宝宝趴着，但是宝宝只能哼哼地叫，却无法独自抬头。看到这一幕，妈妈感到心疼，想快点把他抱起来，但是医生建议她让宝宝趴一整天。虽然现在有点吃力，但是这样才可以帮助宝宝抬头，虽然现在会让宝宝哭，但这样才可以防止日后妈妈哭泣，医生态度明确地告诉了妈妈。于是妈妈回家后一边安慰宝宝，一边坚持让宝宝趴了一整天，过了

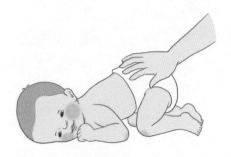

两周后，宝宝终于可以在趴着的状态下抬起头了。

先天性运动发育良好的宝宝不管得到怎样的照顾，都可以自然地完成运动发育。但是先天性运动发育比较慢的宝宝会由于育儿方法不同，在发育上呈现出很大的差异。父母可能不忍心让4～6个月的宝宝趴在地板上，但是为了宝宝的运动发育，在宝宝醒着的时候要尽量让他们趴在地板上。因为让宝宝趴在地板上就直接跳过了翻身的步骤，所以这么做可以促进运动发育。相反，如果一直让宝宝躺着，最终会导致运动发育过程变慢。

在宝宝学会翻身之前，需要让他们趴着。让宝宝趴着，然后

慢慢揉按宝宝的屁股，会产生杠杆效果，让宝宝更容易抬起上半身。如果宝宝因为缺乏运动导致运动发育非常缓慢，可以在宝宝肚子底下垫一个球，或者让宝宝在父母的大腿上独自趴着。

▲ 宝宝缺乏运动时促进运动发育的方法

宝宝发育检查

大肌肉运动发育检查

•4个月15天•

❶ 确认宝宝在趴着的状态下是否可以用手肘支撑上半身，抬起上半身至乳头部位。

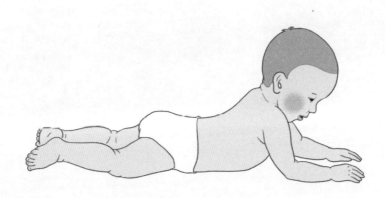

❷妈妈用手抓住宝宝的手，慢慢抬起宝宝使其坐着的时候，确认宝宝可不可以像下图这样控制自己的脖子。宝宝需要像第二个图所展示的那样控制自己的脖子。

① ② ③

▲ 能够控制住脖子的情况　　　　　　　▲ 不能够控制住脖子的情况

·6个月15天·

❶应该可以在趴着的状态下抬起上半身至肚脐部位。

❷让宝宝独自坐着的时候，确认宝宝可不可以暂时用手按住地面支撑
自己的身体。但是这个动作是为了检查而进行的，日常生活中不要
让宝宝做这个动作。

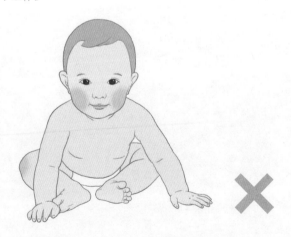

❸抓住宝宝的腰部让宝宝站立时，可以让宝宝腿部用力，以支撑自己的
体重。但是这个动作是为了检查而进行的，日常生活中不要让宝宝做
这个动作。

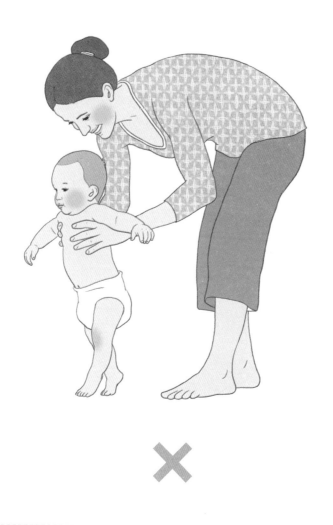

❹宝宝可以躺着用手抓住自己的脚。

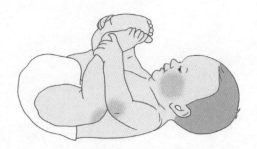

❺确认宝宝是否可以抓着玩具敲打桌子。

❻确认宝宝是否可以将一只手上的玩具转移到另一只手上。

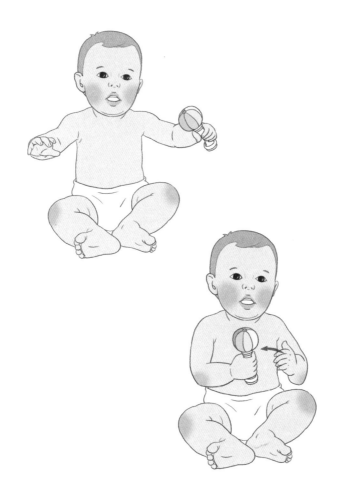

★ 通过以上测试，如果发现宝宝大肌肉运动发育迟缓，可以通过宝宝发育游戏来促进宝宝的运动发育。

宝宝发育游戏

刺激大肌肉发育的游戏

❶ 在宝宝面部朝向地面趴着的状态下，抓住宝宝的肚子，像抓住橄榄球那样抓住宝宝。这样的姿势会让宝宝肚子用力，而背部肌肉很难用力。从宝宝4个月的时候开始，经常做这种游戏可以促进宝宝抬头，还有助于提高宝宝的平衡感。我们应该在外国电影里看到过这样抱着宝宝的样子。由于这个姿势需要有臂力，所以应尽量由爸爸来做。

❷这是防止宝宝背部肌肉变得僵硬的方法。让宝宝躺着，将宝宝的双脚推向头顶方向，这样可以锻炼背部肌肉。如果平时经常让宝宝躺着，可以经常做这个动作。

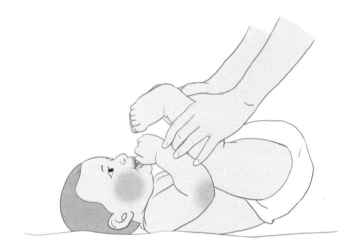

这样和宝宝玩耍会延缓大肌肉运动发育，请不要这么做。

❶为了给4个月的宝宝提供视觉刺激，人们经常在宝宝眼前放置悬挂式玩具。在宝宝躺着的状态下给他们提供视觉刺激，会让宝宝的背部肌肉受到刺激而僵硬，从而导致宝宝难以翻身或使用双手。如果需要让宝宝独自看着悬挂式玩具超过1个小时时，那就尽可能不要让宝宝躺着，应该让宝宝坐在可以弯背的婴儿座椅上玩悬挂式玩具。

❷ 让宝宝站着会让宝宝腿部用力。虽然宝宝看似可以独自站立，但是其运动发育还没有进行到腿部，所以站着会让宝宝紧张，反而妨碍正常的运动发育。

宝宝的小肌肉运动发育

可以伸手抓住玩具

4个月的时候，宝宝可以握拳头，可以自由伸开紧握着的双手。所以这个时期的宝宝看到想要的东西就会伸手去抓。宝宝出生的时候虽然大拇指朝里，紧握拳头，但是到4个月的时候大拇指就会向外伸出来。但是这个时期的宝宝还不能熟练地使用双手，所以不能轻易地抓住想要的东西。但是如果给宝宝握住一个铃铛，他们可以紧紧地握着它摇晃几次。

到5个月的时候，宝宝可以发现桌子上的小豆豆，就算总是抓空，宝宝还是会试着抓住它。6

个月之后，宝宝就可以熟练地抓住小豆豆。

宝宝在6个月之前，嘴部的发育比手快，所以会将大部分玩具放到嘴里去。如果宝宝总是将玩具放到嘴里去，可以给宝宝咬空奶嘴，这样，宝宝不会那么频繁地把玩具放进嘴里，而是用手抓着玩。

如果宝宝无法伸手抓向玩具，在有些情况下是由于背部肌肉变强，导致手臂不能按自己的意愿伸出。如果4～6个月的宝宝手臂活动有困难，就试着让宝宝趴着，通过观察宝宝可以抬起上半身的程度，来确定宝宝的大肌肉运动发育。如果长时间让宝宝躺着，导致了背部肌肉变强，

▲ 背部肌肉变强、用力的样子

宝宝将无法伸手抓向想要的玩具，而是如上图那样像小鸟一样挥动双臂。

可以接受用勺子喂的食物

宝宝小肌肉运动发育主要是指手的操作和嘴的活动。6个月的宝宝嘴周围的小肌肉已经发育了，如果用勺子给宝宝喂断乳食品，宝宝可以通过活动两个嘴唇来接受食物。还可以活动嘴唇发出声音，有时还可以发出"吃饭"、"妈妈"的发音。如果嘴周围肌肉的

紧张度下降，4 ~ 6个月的宝宝会长时间张开嘴巴，尤其是因为受到视觉刺激或听觉刺激而集中精神时，宝宝会因为嘴周围的肌肉放松而流口水。"吃饭"、"妈妈"这样的单词也说不出来。

如果宝宝因为嘴周围的肌肉发育较慢而拒绝用勺子递过来的食物，千万不能强行喂他。过一段时间，等运动发育完成之后宝宝就会主动张嘴，等两周左右的时间再试一次，看看宝宝是否愿意积极地吃食物。

检查小肌肉发育状况

·4个月15天·

❶将宝宝放在婴儿座椅上，在距离宝宝20厘米远的地方放一个铃铛，让宝宝看。第一次做的时候，只有铃铛发出声音宝宝才会看铃铛，但是第一次之后，就算不摇晃铃铛，宝宝也可以因为视觉刺激而伸出手。所以，不要经常摇晃铃铛。观察宝宝伸手抓住铃铛的时候会不会伸开大拇指和其余4根手指。

❷将宝宝放在婴儿座椅上，让他抓着铃铛。抓住宝宝的胳膊摇晃铃铛，
让宝宝经历摇晃铃铛就会发出声音的过程。然后鼓励宝宝摇晃铃铛，
等待大约30秒钟，观察宝宝能否抓住铃铛试着摇晃一两次。

·5个月15天·

❶爸爸让宝宝坐在自己的膝盖上。
在高度达到宝宝胸部位置的桌子
上放一颗小豆豆，晃动小豆豆诱
导宝宝看向豆豆。观察宝宝是否
会向前倾，伸出手，展开手指试
图抓住豆豆。

❶ 爸爸让宝宝坐在自己的膝盖上。在高度达到宝宝胸部位置的桌子上放一个塑料杯。用塑料杯轻轻敲打桌子发出声音，诱导宝宝看向塑料杯。这时观察宝宝是否会张开双臂并展开手指试图抓住塑料杯。

❷ 爸爸让宝宝坐在自己的膝盖上。在高度达到宝宝胸部位置的桌子上放一颗小豆豆，晃动小豆豆诱导宝宝看向豆豆。观察宝宝能否向前倾，张开双臂、展开手指抓住豆豆。

❸ 让宝宝的两手都抓着玩具，观察宝宝双手是否可以抓牢玩具，持续20秒钟。

宝宝的语言发育

语言理解能力

4个月的宝宝还不能理解我们的话。但是为了和宝宝进行沟通，爸爸妈妈尽量理解宝宝想说的话并做出反应。用亲切的声音安慰宝宝，宝宝可以发出嘀咕的声音做出回应。

到5个月的时候，宝宝嘀咕的声音会变少，取而代之的是"呃"、"啊"等像大喊一样的声音。所以没有经验的父母听到轻声嘀咕的宝宝突然开始大喊，会以为宝宝在生气。另外，宝宝的性格也决定宝宝是否会大声说话，所以不要不知所措。

6个月的时候，宝宝可以活动嘴唇开始慢慢说话。所以不要因为宝宝说出了"妈妈"、"吃饭"等单词就以为宝宝是在叫妈妈，这只是嘴唇的活动发出来的声音，不是因为宝宝知道"妈妈"意味着什么而叫出来的。

根据性格类型，还有一些宝宝不会发出任何嘀咕声。没有必要担心4～6个月的宝宝不发出嘀咕声。是用微笑表达自己的感情，还是用很多的嘀咕声和大喊声表达自己的感情更多取决于宝宝天生的性格，不是妈妈说话的量来决定的。

所以4～6个月的时候进行语言发育检查是没有必要的。就算宝宝没有发出嘀咕声或大声喊叫，只要在妈妈说话的时候宝宝能够盯着妈妈看，就说明可以和宝宝进行沟通。所以不用努力通过宝宝的嘀咕声来评价宝宝的语言发育情况。

沟通交流能力

4个月的宝宝可以清晰地看清妈妈的脸，还可以读懂妈妈的表情。妈妈不说任何话，静静地做出生气的表情也会让宝宝感到紧张。相反，微笑会让宝宝觉得妈妈对自己好，所以自己也会微笑。但是天生沉默寡言、没有太多表情变化的宝宝，就算再怎么逗他，可能也无法让他笑，所以就算宝宝不太喜欢笑也不用担心。4个月的宝宝要看到妈妈的脸或身体，才会觉得妈妈存在。就算可以听到了妈妈的声音，但是看不到妈妈，宝宝就会认为妈妈不存在。所以宝宝哭闹的时候妈妈应该跑过去给宝宝看自己的脸。等到6个月的时候，只要听到妈妈的声音，宝宝就可以认知妈妈在周围。宝宝如果在这个时期哭闹，正在刷碗的妈妈可以说"稍等一下，妈妈马上过去"，然后洗完手再过去也可以。

出生后的100天是宝宝适应新环境的困难时期，而4个月的时候，随着视力和听力的发育，宝宝可以察觉周围发生的事情，所以理解周围环境并适应周围环境的时期就开始了。宝宝会细心地观察并分析妈妈是什么样的人，爸爸是什么样的人，如果有姐姐或哥哥，宝宝也会观察并分析他们是做出什么行为的人。见到大脑里没有认知过的陌生人，宝宝会感到紧张和惊慌。我们把这称为"认生"。因此拜访有宝宝的家的时候，不要在宝宝不熟悉你的声音和表情的情况下太靠近宝宝。需要先距离宝宝1～2米和宝宝对视，给宝宝听温柔的声

TIP 和认生的宝宝变亲近

①陌生人第一次接触4～6个月的宝宝时，千万不能急着进行身体接触。

②要在距离宝宝1～2米的地方，用新玩具或宝宝喜欢的玩具让宝宝放松下来。

③给予宝宝微笑的表情和温柔的声音，这样宝宝可以观察陌生人。

④如果宝宝容易紧张，要先在1～2米的距离和宝宝的妈妈对话，不和宝宝对视更容易让宝宝放松下来。

⑤如果宝宝放松下来，伸手抓住陌生人递过来的玩具，这时可以试着和宝宝进行身体接触。

音，此后如果宝宝放松下来并向你微笑，你可以张开双手欢迎，并慢慢试着进行身体接触。

认生是一种分辨主要抚养人和其他人的能力，大部分宝宝都会对其他人做出哭闹等拒绝反应，这说明宝宝和妈妈的感情交流纽带形成得很好。但是性格类型不同，宝宝会呈现出不同的反应，有一些宝宝看到陌生人也会开心地笑，这些宝宝对家人和别人非常感兴趣，不会认生。所以也不用担心自己和宝宝的感情交流有问题。因为心情好的时候，宝宝也会喜欢陌生人，让陌生人抱自己，但是在感到不安的状况下，宝宝还是会寻找主要抚养人。因此，不用担心宝宝心情好的时候向陌生人笑的现象是感情沟通障碍。

到4～6个月的时候，宝宝会开始研究家人的行为特性。所以要明确地表达出自己喜欢宝宝的哪些行为，讨厌宝宝的哪些行为。到6个月的时候，如果宝宝打妈妈或抓妈妈的头发，就应该用严肃的表情说："不可以，不要这样。"如果因为宝宝可爱就盲目地跟着笑，宝宝会认为妈妈喜欢这个行为，会继续打妈妈或抓妈妈的头发。

宝宝最大的特征就是很难理解对方的心理。宝宝不知道自己打妈妈或抓妈妈的头发时妈妈有多痛。妈妈摆出一次严肃的表情也不能保证宝宝以后再也不这么做。但是宝宝做出这种行为时一定要反复做出有否定意义的反应。

如果妈妈做出"你也挨打试试，看看有多疼"之类的过分反应，并动手打宝宝，会让宝宝感到不开心，或者不由自主地打妈妈，所以无论如何都不能打宝宝。

出生4个月后，宝宝发出嘀咕声的行为也会变得更活跃。"嘀咕嘀咕"的声音会在5个月的时候暂时减少或变成"啊"的大喊声。到6个月的时候，宝宝就会发出带有感情色彩的嘀咕声。宝宝可以通过家人的脸和声音得知一个人是不是对自己好。同时，宝宝也可以通过脸部表情和身体语言做出反应，所以此时是宝宝和家人之间的沟通变得很活泼的时期，这个时期应该尽量多向宝宝微笑，用丰富的声音和宝宝说话。如果宝宝用积极的嘀咕声和微笑做出反应，妈妈就会觉得一天的疲劳都消失了。

如果宝宝不是喜欢笑的性格类型，没有经验的妈妈会对育儿感到非常累。抚养宝宝的时候需要多个家人的原因就是宝宝需要很多人向自己微笑。就算宝宝的性格属于沉默寡言的类型，如果有很多人反复跟他笑，宝宝也可以成长为喜欢笑的人。

这个时期是宝宝对人的脸部充满好奇心的时期，所以为了大脑发育，宝宝需要每天都可以接触不同的人。这个时期是急切地需要邻居拜访的时期。

宝宝发育检查

宝宝的互动能力检查
▶ 4个月15天 ◀

❶ 和宝宝对视，观察宝宝是否会努力对着妈妈的眼睛看。

❷ 妈妈发出声音的时候，观察宝宝是否会看着妈妈的嘴唇，自己也模仿着动嘴唇。

宝宝发育游戏

培养互动能力的游戏

❶ 妈妈涂上红色的唇膏。

❷ 妈妈要像配音演员那样发出很多种声音，发挥演技。

❸ 如果宝宝发出嘀咕声，要更加积极地跟他说话。

❹ 妈妈说话的时候要富有感情。开心的时候做出愉快的表情，心情不好的时候让声音和表情沉下去。4~6个月的宝宝可以根据妈妈的表情和声音的变化理解妈妈的心情。

宝宝的非语言认知能力的发育

对人和事物的反应

宝宝的智能可以分为语言性智能和非语言性智能。语言性智能要在宝宝理解语言的时候开始测试，所以4~6个月的时候无法进行语言性智能的测试。但是非语言性智能可以通过宝宝对周围环境的反应进行测试。

给4个月的宝宝照镜子，宝宝会暂时观察自己在镜子里的样子，但不会对镜子里的"自己"感兴趣。6个月的宝宝会对镜子里和自己一起笑、一起动的"人"感到极大的兴趣。还会为了摸一摸镜子里的"人"而伸出手。

4~6个月的宝宝会对人脸形状的图片产生极大的兴趣。给他们看有动物脸的图片，宝宝会睁大双眼认真看图片。研究结果表明，刚出生的婴儿对不对称的图片或有棱角的图片感兴趣，等到4个月的时候会对两边对称的图片感兴趣，尤其对称的面部。比起倒放的脸，宝宝更喜欢正放的脸，这个现象表明宝宝天生就喜欢均衡的图片。

随着宝宝听力和视力的发育，4个月的宝宝可以分辨主要抚养人、每天接触的家人及陌生人。所以只要看到脸、听到声音，就可以分辨一个人是自己每天接触的可以信赖的人，还是陌生人。

6个月的宝宝会对陌生的脸和声音做出哭闹的反应。但是就像前面提过的那样，喜欢新的脸、新的声音的宝宝会对陌生人感兴趣。这也说明宝宝可以分辨每天接触的家人和陌生人，所以不用担心认知发育方面的问题。没有经验的父母会认为宝宝和父母的感情交流环节存在问题，担心宝宝更喜欢陌生人，其实一点也不用担心。

宝宝发育检查

检查非语言认知发育状况

•4个月15天•

❶给宝宝看画册，观察宝宝是否对动物的面部图片感兴趣。

❷给宝宝照镜子，观察宝宝是否看镜子里自己的模样。

•6个月15天•

❶观察宝宝是否努力观察镜子里自己的模样，并试着用衣服或手摸他。

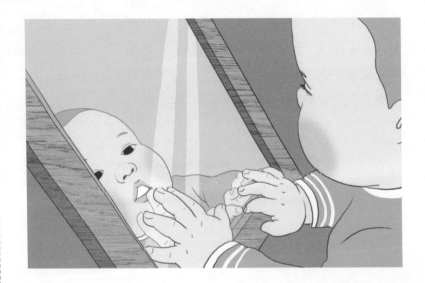

宝宝的情绪调节能力

宝宝会因为无聊而哭泣

4～6个月的宝宝在不饿、不用换尿布的情况下哭闹，就是因为感到无聊。4～6个月的时候，宝宝的视力和听力会变得越来越好，所以想要看到并受到更多的事物。3个月之前醒着的时间比较多的宝宝只会和妈妈在家里玩，无法得到可以让大脑神经网络变活跃的刺激，而且宝宝的大脑不会对没有意义的相同刺激做出反应。也就是说，如果妈妈一整天叫宝宝的名字或唱歌，宝宝很难对妈妈的声音产生兴趣。这种情况下要赶紧带着宝宝出去接触新的环境。就算天气寒冷也要穿的暖暖的抱着宝宝出去，这样宝宝会很快停止哭闹。

曾经有一个宝宝患有多种疾病，自出生起就开始戴呼吸器，妈妈害怕宝宝感冒，所以只待在家里。宝宝因为感到无聊，所以一直哭闹，于是妈妈决定咨询医生，带着宝宝出门了。出生已经6个月生平第一次出门，宝宝在陌生的环境里四处张望，开心地忙着编织大脑神经网络，一次也没有哭闹过。

就算是早产儿，在育儿箱里待3个月以上，也会因为无聊而哭闹，所以最近医院的早产儿室里，护士会将宝宝抱出来放在摇晃婴儿床上摇晃或让他们看玩具，还会给他们听声音。

4～6个月的宝宝还不能独自活动自己的身体，所以感到无聊的时候会选择哭闹。宝宝在会爬行之后，才能在无聊的时候自己去玄关那里摸着鞋子玩，或者通过翻橱柜来缓解无聊的感觉。所以宝宝需要可以带来新鲜感的地方。因为害怕宝宝患感冒，不带宝宝到外面去，或者总是让宝宝睡觉，宝宝的大脑很难获得良好的发育。

宝宝发育检查

检查宝宝的情绪调节能力

·分辨宝宝想要得到关注的哭闹声的方法·

❶观察是不是刚开始会有一点眼泪，到后来就逐渐没有眼泪了。

❷观察宝宝是不是没有紧闭双眼哭泣，而是睁着双眼观察妈妈的脸。

❸观察摇晃宝宝或说话哄他的时候，他是不是反而哭得更厉害。

❹观察宝宝哭的表情里是不是没有痛苦的表情，只是因为生气而拼命哭的表情。

★ 如果发现宝宝有以上反应，说明他是想引起妈妈的注意而哭的

·分辨宝宝是不是因为无聊而哭闹的方法·

❶观察宝宝是不是既不饿又不需要换尿布，但他仍然哭泣。

❷带着宝宝观察行走的路人时，观察宝宝是否努力观察周围。如果把宝宝带到外面后宝宝立刻停止哭闹，很可能是因为感觉无聊。

★ 如果发现宝宝有以上反应，说明宝宝是因为感到无聊而哭的

宝宝的 发育状况 Q & A

4～6个月

头围

Q 我的宝宝头围有点小。

儿子120天大的时候进行了一次婴幼儿检查，发现他整体上都比较小。尤其是头围，只有39.7厘米，属于3%ile。出生的时候是32厘米。我非常担心宝宝是不是有什么问题。

A 如果宝宝出生的时候头围是32厘米，那么他在男婴头围成长曲线接近3%lie那条曲线。120天时头围有39.7厘米，位于3%lie～10%lie。因为没有低于头围成长曲线3%（正常范围3%lie～97%lie），所以6个月大之前没有必要拍片检查，只需要每月一次测量头围，在成长曲线上标出来，观察有没有突然增加或减少的情况就可以。如果头围小于3%lie，那么可以拍片进行检查。但是如果维持在3%lie～97%lie，就不用拍片。可以测量父母的头围，确认宝宝头围较小是不是因为遗传的原因。不能因为宝宝头围位于3%lie或3%lie~10%lie就去拍片检查。如果第一次测量头围的人和后来测量头围的人不是同一个人，测量结果会有误差，

Q 我担心宝宝的头围太大了。

接受婴幼儿检查后发现宝宝的头围在95%lie。虽然他本来头就不小，但是4个月大的时候，检查结果表明他在68%lie。体重和身高反而减少了，只有头围变大了。

A 听起来好像在说宝宝4个月大的时候属于头围位于68%lie，现在是95%lie。如果妈妈觉得宝宝的头围增长速度太快，需要每2周测量一次头围，然后按成长曲线上标出来的结果来观察。如果头围增长率太快，有可能是因为患有脑积水或肿瘤，所以一定要拍片进行检查。

Q 我担心5个月大的宝宝头围太小了。

我测量了宝宝头部最大部分的头围，测量结果是36厘米。据说女婴在5个月15天大的时候要到42厘米才算正常。我在网上进行过咨询，他们说宝宝头围太小，建议我带宝宝去医院接受检查。我真的很担心。

A 宝宝的头围跟与头围成长曲线正常范围的最低值3%lie比起来也有很大

的差距。请查一查出生时的头围，如果出生时的头围也比低于3%lie，那就不用着急拍片。但如果出生时的头围大于3%lie，但是到5个月大的时候却低于3%lie，就要尽快去医院检查，查看头盖骨有没有闭合，并决定是否需要进行手术治疗。

Q 只有头围很小，也会成为问题吗？

宝宝有4个月了。身高和体重属于均位于曲线的75%lie，但是只有头围位于5%lie～10%lie。比起身高和体重，只有头围比较小也会成为问题吗？

A 身高、体重和头围没有任何相关关系。只要宝宝的头围一直维持在5%lie～10%lie就是正常的。

Q 我很担心宝宝的发育状况。

女儿现在5个月3天。刚出生的时候体重位于60%lie，但是现在下降到体重只有30%lie、身高只有10%lie，据说不是很好的发育状况。头围是35厘米，体重是7千克（3周前是6.5千克），身高有63厘米。我正在进行100%的母乳喂养，另外一天喂一次断乳食物。看到宝宝身高只有10%lie，我非常伤心。有这种像我们家宝宝一样个子先高后矮的情况吗？

Ⓐ 如果头围成长率减少了，那就需要每2周测一次头围，看看是否呈持续下降的趋势。如果体重增长率减少了，需要检查宝宝是否患有缺铁性贫血，如果患有这种病，就补充喂一点奶粉。至于身高，因为没有精确衡量身高的百分值差异，而且身高的成长率很难在几个月内突然减少。如果有5个月大，应该仔细观察头围和体重的成长率，身高并不是很重要。

Ⓠ 宝宝有5个月大，但是身高太矮了。

女儿的体重有7千克，身高是61厘米，感觉身高太矮了。我每4个小时喂她一次，但是她只能吃120ml左右，我从现在就开始担心了。

Ⓐ 不能用5个月时的身高来预测宝宝长到成人时的身高。宝宝现在的体重属于25%lie，身高是3%lie～10%lie，都属于正常范围。所以请您放心抚养宝宝。

体重

Ⓠ 我想知道出生时低体重的宝宝现在是否属于正常发育。

我的女儿在我怀孕的第37周零3天的时候以2.2千克的体重出生了，现在已经有109天大了，体重也有5.4千克。但是由于宝宝不喜欢喝奶，这一个月体重都维持在一个水平上。按照您的方法，白天我一直让她趴着，所以宝宝可以熟练地抬头，还会发出嘀咕声。但问题是宝宝伸不出自己的大拇指，就算张开手指，也只会张开四个手指，大拇指一直弯着。有时宝宝自己两只手抓住，大拇指也是弯着的。将铃铛放在宝宝的胸口上，宝宝虽然会伸手，但是抓不住铃铛。偶尔会使劲吮吸手指，但那时也只吸食指或将四只手指一起放进嘴里吸。睡觉之前给她喂奶，宝宝会使劲咬，抱着她的话总是反抗。只有给她咬上空奶嘴才能让她入睡。请问我们家宝宝现在正常吗？

Ⓐ 如果宝宝可以抬头但无法伸出大拇指，可以让宝宝用手握住小球试一试。手里抓着小球，宝宝会自然而然地伸出大拇指。如果平时大拇指在里面，但是抓东西的时候能伸出大拇指就不用担心。6个月大的时候，可以观察一下宝宝能不能抓住小豆豆。如果体重在一个月内没有增加，可以检查宝宝是否患有缺铁性贫血。

Ⓠ 我的女儿过于健壮。

快到5个月大的宝宝体重是9.6千克，几乎是10个月大的宝宝的体重。刚开始以为宝宝有点胖，但是现在开始担心起来了。

Ⓐ 宝宝现在的体重属于97%ile以上如果是婴儿肥，那么宝宝在12个月大、吃断乳食物的时候会自己变瘦。请看看6个月大之后相对于身高的体重是什么样的。如果体重是随着身高一起增加的，那么体格这么大的宝宝肯定会吃得很多。如果身高并不高，只有体重在增长，那么要在6个月后减少宝宝的进食量。但在减少进食量的同时，一定要定期检查是否患有缺铁性贫血。

Q 4个月大的男婴不能进行对视。

我的宝宝完全无法和别人进行对视，也不会对铃铛声和妈妈的声音做出反应，只会对关门的声音做出受到惊吓的反应。宝宝一整天都在哭闹，让他趴着，宝宝不能抬头，只会反射性地向同一个方向转头。我非常担心这是不是属于小儿自闭症。

A 这种情况需要确认宝宝是视力有问题还是只是无法进行对视。请在距离宝宝20厘米远的地方放置一个玩具，观察宝宝有没有凝视玩具。如果连玩具都没有凝视，很有可能是弱视或没有视力。如果对铃铛声没有反应，很有可能是听力差。这需要接受小儿眼科和耳鼻喉科的诊断。请先去综合医院接受正规的检查。如果视力和听力有点问题，可以通过早期刺激治疗得到帮助。

听觉反应

Q 宝宝对声音太过于敏感。

我家宝宝刚满6个月。宝宝听到很小的声音就会受惊，打个喷嚏也会吓得哭出来。睡午觉的时候外面有摩托车或汽车的声音也会醒来，非常敏感。听说宝宝要睡得好才能多分泌生长激素，请您给点建议。

A 如果6个月大的宝宝一直会被声音惊吓，是因为他太过于敏感。如果没有视觉反应和运动发育上的迟缓现象，只对声音敏感，那么，一直观察宝宝到24个月大。宝宝首先需要睡觉，所以此时要给宝宝一个可以安静睡觉的环境。

Q 全自动摇晃婴儿床会对宝宝的大脑产生影响吗？

宝宝大概4个月，但是由于性格太敏感、神经质，所以没有自动摇晃床无法让宝宝入睡。一个亲戚说全自动摇晃婴儿床对宝宝的大脑有致命的危害，劝我不要使用。我很想知道，这是真的吗？我只会在宝宝入睡前1小时让他躺在那里，之后会让宝宝睡在床上，白天睡午觉的时候也会让宝宝睡在那里。

A 用双手抓住宝宝的头，像摇香槟酒那样摇晃才会对宝宝的大脑造成伤害。摇晃婴儿床只是通过床的摇晃给宝宝提供间接的刺激，所以不会对宝宝的大脑造成伤害。

Q 宝宝每天晚上都大声哭闹，这没有问题吗？

宝宝晚上的哭闹让老公无法睡觉，所以我会在晚上带着宝宝，驾车在小区周围逛一圈。每天晚上都要将宝宝带到车上才能让他停止哭闹并入睡。应该怎么解决这个问题？

Ⓐ 摇晃的汽车会刺激宝宝耳朵内部的前庭器官，会给宝宝带来很大的快乐。从宝宝很小的时候就开始让他在晚上坐车，宝宝就会习惯汽车摇晃的刺激，这样宝宝才能感到稳定。所以就算老公无法睡觉，也要坚持让宝宝在摇晃婴儿床上睡觉。另外，早上可以带着宝宝出去散步和晒太阳，白天经常晒太阳可以改善睡眠习惯。

大肌肉运动发育

Ⓠ 4个月8天的宝宝不能翻身，总想站着。

之前一直让宝宝躺着，听了老师您的话，宝宝3个月大之后我逐渐开始让他自己趴着，现在宝宝可以随意趴着玩耍，还可以向侧面移动。但是还不能翻身，如果抱着宝宝，他总是想站着。

Ⓐ 就算宝宝不能翻身，只要他能够趴着随意玩耍，就没有必要专门做翻身的练习。如果宝宝可以向侧面移动，就更没有必要让他练习翻身了。在宝宝醒着的时候让他们趴着是为了预防运动发育迟缓的现象，不要强制宝宝练习翻身。宝宝站着，腿部会用力，腿部用力的动作会妨碍宝宝爬行，所以尽量不要让宝宝站着。要经常让宝宝趴着，给他提供可以爬行的机会。

Q 可以跳过一些发育阶段吗？

宝宝都已经5个月了，但是让他趴着他还是会大声哭闹。最近我还是按照老师的话，让宝宝经常趴着。听说有些宝宝没有经过趴着的阶段，直接就可以爬行，但又有些人说那样不好。我想知道，宝宝必须要经历所有发育阶段才能算正常成长吗？跳过一些发育阶段可以吗？

A 躺着的时候，宝宝不可能做出爬行的动作。趴着玩耍的时候，宝宝可以抬起上半身，自己活动脚部，让自己坐起来。爬行前自己活动身体让自己坐起来，独自坐起来之后抓住周围的物体站起来，并独自行走，这些都是正常的发育过程，宝宝有可能不经历所有的发育阶段。

Q 5个月的宝宝坐着的时候头总是偏向右边。

我的宝宝5个月。宝宝可以适当地控制脖子，所以我可以让宝宝的背部贴在我的胸部坐着，但是宝宝的头总是向右边倾斜，这让我非常担心。让他躺着的时候，宝宝可以自由自在地活动头部，但在坐着的时候宝宝就会出现这种情况。我很担心这是不是斜颈。

A 5个月的宝宝在坐着的时候出现头部倾斜于一个方向的情况很有可能是运动发育迟缓或是斜颈。至于宝宝是不是需要接受治疗，我建议您去医院进行诊断。

Q 我担心宝宝的运动发育进行得太快了。

我的宝宝有5个月8天大。在2个月15天大的时候成功地做出了侧翻，在4个月大的时候可以两侧随意翻身，到5个月大的时候可以爬行。如果把双手伸进宝宝腋下并抓住他，宝宝还可以走路并跑步。有些长辈们说走路太早会出现腿弯曲的现象。虽然觉得宝宝运动发育很快，值得骄傲，但还是担心这样是不是正常。

A 如果宝宝已经开始爬行了，那就多让宝宝爬行。如果宝宝抓住物体站起来行走，那么在7~8个月的时候行走不会对关节造成伤害。

Q 宝宝不喜欢爬行，总是想坐着。

我的儿子刚满6个月15天。宝宝趴着时可以通过胳膊和腿支撑身体，并前后摇晃身体，我以为他是要趴下了，但是发现宝宝坐起来了。我试着让宝宝趴着，并用玩具引诱他爬行，但宝宝只是看着玩具笑而已，并没有爬行。听说在爬行之前坐起来的宝宝就不会再爬行了，有没有办法让宝宝爬行呢？

A 满6个月就可以独自坐起来的宝宝的运动系统绝对没有问题。请将玩具放在宝宝的旁边，让宝宝练习翻身。宝宝独自坐起来之后，抓住物体站起来行走也是很正常的。

Q 宝宝已经6个月了，但是大拇指还是插在拳头里面。

宝宝的大拇指还是插在拳头里面，翻身也是在100天大之后才做出来的，肚子着地、用双手和双腿爬行已经有大概1个月的时间了。据我所知，一般宝宝到2个月的时候一只大拇指会伸出来，到4个月的时候两只大拇指都会伸出来，难道不是吗？

A 如果宝宝已经可以爬行了，那说明大肌肉的运动发育很正常，不用担心不使用双手时大拇指插在拳头里的现象。如果试图抓住玩具时大拇指会伸出来，则更没有必要担心。请将小豆豆放在桌子上，观察宝宝会不会试图伸手抓住小豆豆。也可以让宝宝在睡觉的时候手里握着小球，这样有助于大拇指向外伸出。

Q 如果用勺子喂宝宝吃断乳食物，宝宝会拒绝食用。

宝宝已经6个月了，但是用勺子喂他吃的，他就绝对不吃。曾经还尝试过用手掰开宝宝的嘴，像喂药那样给宝宝喂断乳食物。现在宝宝只要看到勺子就把头转过去，坚决不张开嘴巴。据说宝宝6个月之后要用勺子喂食，我该怎么办呢？

A 用勺子喂断乳食物，宝宝需要用嘴唇咬住勺子让食物倒进嘴里，并活动舌头，从而将食物传到喉咙那里去，同时还要咽口水并用鼻子呼吸，需要这些动作协调才能完成。如果目前还不能同时做出活动嘴唇和舌头、咽口水、呼吸等动作，那么宝宝很难食用用勺子递过来的断乳食物。

❶ 请观察宝宝将注意力集中在视觉刺激和听觉刺激上时有没有张开嘴巴。

❷ 每次喂少量的断乳食物。

❸ 强行张开宝宝的嘴巴来喂断乳食物可能会加深宝宝的抗拒反应，为了充分补充营养，请将奶瓶上的小孔弄大一点来喂断乳食物。

❹ 若担心，可以接受整体的发育检查来判断宝宝的运动细胞和知觉反应。

语言发育

Q 宝宝不发出嘀咕声。

我的宝宝是4个月的女婴。2个月的时候开始抬头，还可以随意翻身，偶尔还可以用肚子推动身体。所有的发育看似都很正常，但她就是不发出任何嘀咕声。偶尔会发出近乎尖叫的喊声，还会用很小的声音发出"啊"的音，但是这些事情都是偶尔发生的。有些时候宝宝会哭着喊出"妈妈"，但是作为妈妈，我的内心还是很担忧。我想知道我的宝宝是发育缓慢还是有语言障碍。

A 根据性格类型的不同，每个宝宝发出嘀咕声的形式都不一样。喊出"啊"的声音也属于嘀咕声。如果4个月的宝宝可以喊出声音，还可以看到妈妈后微笑，那就没有必要担心。而且4个月的时候是不能诊断是否患有语言障碍的。和语言相关的发育问题是根据语言理解能力来判断的，所以要到18~24个月的时候才可以做出诊断。

Q 宝宝会大声喊出声音。

我的宝宝是6个月的男婴，从3个月的时候就开始发出了嘀咕声。刚开始发出嘀咕声的时候由于持续时间太久，大家还说他是话痨。但是最近他压根不说话，如果有不满意的事情，他会用非常大的声音高喊，开心的时候也会笑。听说宝宝发出嘀咕声的时候跟他聊天效果会很好，但是我跟他说话的时候他总是沉默寡言。宝宝为什么不再发出嘀咕声了呢？

A 根据性格不同，宝宝也可能会大喊。现在大喊并不意味着长大之后也会成为喜欢大喊的人。宝宝大喊并没有想要攻击对方的意图，所以不用担心。6个月大的宝宝发出大喊的声音也是对我们的一种反应行为，所以对宝宝的这种行为，只要做出"哦，这样啊？"这种反应就可以。

非语言行为发育

Q 除了妈妈以外，宝宝不和其他人对视，令我非常担心。

我是一位新手妈妈，儿子6个月3天。宝宝只要和我对视就会微笑，但是爸爸或其他家庭成员看他的时候，他只会呆呆地看着他们，有时候甚至都不会对视。宝宝运动发育也有点慢，到5个月20天的时候才做出了翻身的动作，到6个月的时候才开始伸手抓住玩具。我怀孕的时候由于经济问题，经常感到压力，而且还经常哭泣，是不是因为这个原因才导致宝宝有这些问题呢？宝宝是不是有一些自闭症状？因为我听说，怀孕的时候如果妈妈认为宝宝是没有必要的存在，宝宝出生后容易得自闭症。

Ⓐ 6个月的宝宝除了妈妈之外不和其他人对视，意味着他对其他人有抗拒反应，爸爸应该以更积极的态度和宝宝多进行一些交流。没有做好胎教的自责感会让父母认为宝宝有发育迟缓的现象。到目前为止，自闭症的病因还没有发现。怀孕期间吃得不好或患有严重的抑郁症也不一定对胎儿产生不好的影响。另外，天生患有严重自闭症的宝宝会在4～6个月大的时候出现不和主要抚养人对视的行为。因为宝宝可以和妈妈对视，所以我建议耐心地观察宝宝直到他24个月。

情感调节能力

Ⓠ 宝宝脾气固执该怎么办？

我是4个月女婴的妈妈。宝宝的性格好像非常固执，也可能因为如此，她还经常哭闹，有一段时间我几乎无法睡觉。最近宝宝睡得比较好，所以我还以为情况有些好转，但可能是因为天生的性格的缘故，让她变得好一点并不容易。

Ⓐ 有些性格的宝宝容易感到不安，而且一感受到不安就会大声哭闹，也有一些宝宝就算没有不安感也会大声哭闹。请好好观察宝宝在哪些情况下哭闹。如果宝宝哭得很严重，可以试着转移她的注意力，最好带她出去走走。

Q 宝宝哭得极其严重，要怎样对他进行睡眠教育呢？

我家4个月的宝宝一旦哭起来就会非常严重，脸会变得通红，声音也会变得沙哑，很难安定下来。他从出生的时候就这样，有没有可以缓解的方法？另外，最近想对宝宝进行睡眠教育。抱着宝宝哄他入睡，等他快要睡着的时候让他躺着的话，宝宝就会哭得非常严重。经过两个小时的战斗，我和宝宝都筋疲力尽之后，我只能给他喂奶来帮助他入睡。对于如此敏感的宝宝，我能成功地进行睡眠教育吗？

A 宝宝苦恼的时候试试让他咬空奶嘴。对极其敏感、全身用力哭闹的宝宝来说，抱着哄他们是不会成功的。白天要尽量多给他们晒太阳，如果一整天待在家里，4个月的宝宝也会感到无聊。对于拼命哭闹的宝宝，抱着哄他们也不可能让他们安定下来，只会增加育儿压力。所以哄宝宝睡觉的时候干脆背着他们走动吧，背部的大肌肉会让宝宝们更舒服，而且背着走动可以刺激宝宝耳朵里的前庭器官，使他们感觉安心。温暖的毯子也能帮助宝宝调节情绪。

只让宝宝
玩 20 分钟学步车!

　　宝宝出生后必备的婴儿用品之一就是学步车。有着红色和黄色轮子的学步车是父母和拜访家里的客人都喜欢购买的物品。有了学步车，就可以在宝宝哭闹的时候摇晃宝宝，在妈妈忙碌的时候让宝宝独自玩耍，坐在学步车上可以培养腿部力量，让宝宝更快地学会走路。对于那些带着 4 ~ 5 个月的宝宝来到研究所咨询运动发育迟缓的妈妈们，我每次都会说："不要让宝宝长时间坐在学步车上！"

　　宝宝仰面躺着的时候，如果想要翻身，就需要让身体向前弯曲。而无法翻身是因为背部肌肉过于强大导致身体不能向前弯曲，就像大脑瘫痪的人那样。宝宝在学步车上想要前行，腿必须向后运动，背部紧张程度弱一点的宝宝或身体僵硬的宝宝坐在学步车上会加重身体不能向前弯曲的情况。

背部肌肉紧张起来会让宝宝肩膀用力，从而导致胳膊向背部方向运动，这样宝宝就无法伸出胳膊。在距离这样的宝宝 20 厘米的地方放置玩具，他会试图伸手去抓，但是两只胳膊只会像翅膀那样煽动，无法向前伸出去。

此外，如果想知道宝宝坐在学步车上的时间是不是过长，看看他们的发育程度就可以知道。宝宝推动学步车的时候需要用到脚指头，所以长时间坐在学步车上的宝宝的脚指头都是向前倾斜的。踮脚就是因为脚趾向前倾斜，从而导致脚后跟的跟腱变短，也就是说，学步车有可能使跟腱变短，对宝宝的健康造成不利影响。

美国凯斯西储大学的凯乐·西捷（实验心理学）和纽约州立大学的罗杰·巴顿（发展心理学）以 100 多名宝宝为对象进行了"学步车对运动发育产生的影响"的研究，并发表了研究成果。他们让一半的宝宝不坐学步车，让另一半的宝宝每天平均坐 2 个半小时的学步车，每过 3 个月进行一次发育检查。研究结果表明，没有坐学步车的宝宝平均在 5 个月的时候可以坐起来、在 10 个月的时候开始走路，但是坐学步车的宝宝在 6 个月的时候坐起来、在 12 个月的时候开始走路。学步车不仅没有促进宝宝的身体发育，反而对其产生了不利的影响。

学步车剥夺了宝宝可以独自活动自己身体的机会，所以有很多运动发育出众的孩子不愿意坐在学步车上。虽然那些有发育缺陷的宝宝无法独自活动自己的身体，但是如果经常坐在学步车上，会带来更严重的运动发育迟缓。

如果已经购买了学步车，那么尽量在宝宝可以控制腰部，也就是大约 5 个月之后，给宝宝喂断乳食物或妈妈去卫生间、干家务的时候，让宝宝坐 20 分钟左右的学步车，把它当做椅子来使用。这时要调整学步车的高度，让宝宝的脚够不到地板。这个时期要让宝宝趴着，鼓励宝宝用自己的力量爬行，这才是最好的育儿方法。

　　如果宝宝能够爬得很好，那么让他用脚推动学步车也不会对运动发育造成太大的影响，所以为了减轻育儿负担，在这种情况下可以让宝宝适当的使用学步车。

照顾难缠
的宝宝

在国外学习的时候，我做过照顾楼下邻居家宝宝的兼职。当时宝宝刚刚 4 个月，体格很小，一哭就停不下来。我早上 7 点到他们家，宝宝会在 7 点半左右起床，他真的像天使那样好看，但是天使的脸庞转瞬即逝，给他喂奶需要超过 40 分钟的时间，而且让他打嗝儿也非常困难。宝宝总是在喝完奶后大声哭喊，我就尽我所能抱着他在家里走来走去，给他看墙壁上挂着的画、给他看镜子，还会把他放在婴儿车里摇来摇去。但是我使出浑身解数照顾宝宝，他还是会不流一滴眼泪地哭闹 1 个多小时并一直盯着我看，直到筋疲力尽后才会入睡。不过一会儿他又会醒来，如果给他喂奶，喝完奶之后他又会哭 1 小时。

有一天，为了做实验，我把宝宝放在婴儿车上，推到沙发附近。我坐在沙发上伸出双腿前后拉动婴儿车，开始看杂志。宝宝虽然发出了很大的喊声，但我只是瞥了一眼，假装没有看见，继续读杂志。宝宝的声音逐渐变得更大，但是过了30分钟之后，他停止了哭闹。

我放下杂志看着宝宝，发现他故意不看我。我叫着他的名字并将脸慢慢贴近他，发现宝宝转头躲避。我重新叫着他的名字哄他，他也没有转头看我。原来宝宝是在跟我闹别扭，4个月的宝宝居然还会跟人闹别扭！这是婴幼儿心理学课上也没有学到的宝宝的行为。

看到宝宝闹别扭的样子之后，我没有再抱起来哄他。因为我知道了宝宝哭闹不是因为肚子饿，而是为了引起别人的关注。如果宝宝哭闹的时候摇晃他，他会为了引人关注而更卖力地哭，也就是说哄宝宝的行为反而会让宝宝哭得更厉害了。从此以后，每当宝宝哭闹，我会把他带到外面去，努力将他的注意力转移到周围环境上。

在同一时期，我参加过一个关于"晚上边哭边入睡的宝宝"的学术研讨会。一个小儿精神科医生发表自己研究结果，其核心内容就是，对于那些为了吸引别人关注而哭闹的宝宝来说，要慢慢减少妈妈接近他的时间，让他明白哭闹是不能引起别人关注的。

如果父母和宝宝的房间是分开的，在晚上为了照顾哭闹的宝宝跑到另一个房间是一件非常累的事情。

小儿精神科医生建议的方法是：第一天在宝宝开始哭闹时，过5分钟再到宝宝的房间，然后每天延迟5分钟，一直到过1个小时再到宝宝的房间。但是这个方法实行起来并不容易，因为就算宝宝哭闹1分钟，妈妈听起来都会像过了1个小时，所以她们无法等到5分钟过后再到宝宝的房间去。因此，医生建议一定要看着钟表来延迟去宝宝房间的时间。

最近婴幼儿心理学提出了很多方法来研究不到 12 个月的宝宝的心理状态。已经有很多研究表明，4 个月的宝宝能够理解妈妈的心理状态。对于那些天生渴望得到更多关注的宝宝来说，越哄他们就哭得越厉害。所以总是哭闹的宝宝有时并不是因为妈妈没有照顾好，父母们一定要认识到这一点。

"可以独自
坐起来并爬行!"

7~10个月的宝宝可以独自活动身体，自己坐起来或爬行，这意味着宝宝可以开始探索周围环境并进行学习，这一点非常重要。

Chapter

03

7~10个月
宝宝发育状况

●主要发育目标●

听觉发育，语言发育
小肌肉运动发育，大肌肉运动发育
非语言认知发育，对事物的兴趣
对人的亲密度

• 观察宝宝对声音刺激和语言刺激的反应。
• 检查宝宝坐起来和爬行的姿势。
• 观察宝宝手部的活动。
• 检查宝宝语言理解能力。

"可以独自
坐起来并爬行！"

　　7～10个月的宝宝可以独自活动身体，自己坐起来或爬行，这意味着宝宝可以开始探索周围环境并进行学习，这一点非常重要。宝宝开始自如地运用食指，比如可以用食指指出小豆豆，还可以把手伸进小孔中挖出里面的东西。为了解决问题，宝宝会更加积极地使用双手。

　　宝宝的听力也会有很大程度的提升，可以听出很微弱的声音来自哪里。这一时期的宝宝可以分辨出家人的声音，可以分辨周围很微弱的声音，可以独自活动身体，用手抓住物体并来回移动，还可以探索周围环境。

　　自从可以独自活动身体后，宝宝偶尔会变得不听话，这是因为待在家里让宝宝感到无聊。所以父母这时会一边看着宝宝成长的样子而感到幸福，一边对照顾不听话的宝宝感到疲倦。

宝宝 7 个月的时候会明白"不可以"意味着父母不允许自己的所作所为，所以主要抚养人要用严肃的口吻说出"不可以"这个词语。9 个月的时候宝宝会开始认知事物的名称，所以父母需要经常告诉宝宝他们喜欢的事物的名称。

宝宝的听觉发育

对声音刺激和语言刺激的反应

7～10个月的宝宝的听觉会发育到可以分辨出周围非常微弱的声音的程度。他们不仅可以分辨出不同家人的声音，还会对纸张的沙沙声做出反应。

如果说出生至4个月的时候是可以发现严重听觉障碍的早期阶段，那么7～10个月是发现轻微听觉障碍的时期。如果宝宝对妈妈的声音没有做出回头看的反应，妈妈很容易认为宝宝不能对声音做出反应。

听觉刺激分为声音刺激和语言刺激。这个时期要细心地观察宝宝是否对声音刺激做出反应但对语言刺激无反应，或者对两种刺激都无反应，或者对大而尖锐的声音做出反应，但是对低沉的声音无反应。这样能判断出宝宝是患有轻微的听觉障碍，还是患有自闭性发育障碍或沟通障碍。

如果听觉有问题，宝宝对声音刺激和语言刺激都没有反应。但是如果看着宝宝的脸说话，他可以看到妈妈嘴唇在动，受到视觉刺激的宝宝会做出微笑的反应。相反，患有自闭性发育障碍的宝宝只会对自己喜欢的声音和语言做出反应。如果是沟通障碍，宝宝很难和妈妈进行对视，虽然对声音刺激做出很敏感的反应，但是对妈妈温柔的话语没有任何反应。

如果宝宝有时对声音或语言做出反应、有时没有反应，那么检查听力情况是非常重要的。

宝宝对语言没有任何反应

曾经有个好朋友托我帮他同事的宝宝进行检查，顺便咨询一下年轻父母在育儿方面遇到的问题。这位同事的宝宝有8个月大，对妈妈的话语没有任何反应。在去这位年轻同事家进行诊断的路上，我根据宝宝妈妈的描述想象了一下宝宝的状态，他很有可能是严重的智障或自闭性发育迟缓。

但是走进家门后我发现宝宝趴着凝视我，对我表现出了很大的兴趣。虽然宝宝肌肉不够紧张，没能用四肢支撑起身体，但是他可以用肚子着地推动自己的身体前进。检查宝宝的发育情况后发现宝宝并没有发育迟缓，他有先天性的听觉问题，所以听不到任何声音和对话。

由于贴近宝宝的耳朵鸣哨他也听不到，所以宝宝只会对我的脸感兴趣。我用笑眯眯的眼睛诱惑宝宝，然后在宝宝耳边鼓掌，宝宝也只会微笑地看着我，不会向有声音的方向转头。看到宝宝没有对声音做出反应，爸爸将怀中的宝宝递给妈妈，走出了房间。得知宝宝有发育问题时，一般爸爸会比妈妈受到更大的打击。这时要耐心地安慰他们，告诉他们解决方法，让他们积极地参与到宝宝的治疗中。

我告诉不知所措的妈妈要带着宝宝到耳鼻喉科接受精细的检查。后来我听说那对父母带着宝宝到大型医院做了检查，很幸运地发现宝宝还有一点听力，于是开始接受早期治疗。

宝宝发育检查

听觉反应检查

❶ 妈妈在安静的房间里抱着宝宝，面对着没有任何装饰的墙壁坐下来。

❷在离宝宝耳朵20厘米的地方，用很小的声音跟宝宝说话。

•小声说"请看这里"，或者叫
宝宝的名字。

•找一个可以发出高音的铃铛，
给宝宝听1秒钟的铃铛声。分
别在左边和右边发出声音，观
察宝宝的反应。

•用手折叠一张薄纸，给宝宝听
1秒钟的纸张的沙沙声。分别在
左边和右边发出声音，观察宝
宝的反应。

★ 在上述几种情况下，宝宝要对所有的声音都转头才算正常。如果没有每次都转
头，或者转头的方向和声音的方向不一致，就应去医院进行检查。

宝宝发育游戏

听觉刺激游戏

❶购买铃铛和风铃那样一碰到就可以发声的玩具，帮助宝宝学习如何用手让玩具发出声音。

❷在宝宝看不到的地方使玩具发声，让宝宝找出声音传来的方向。当宝宝发现会发声的玩具时，就会去寻找玩具。

宝宝的大肌肉运动发育

7～10个月的宝宝可以独自爬行并坐起来，还可以抓住沙发让自己站起来。肌肉发育可以让这个时期的宝宝做出很多动作来移动身体。

爬行

爬行分为肚子着地推动身体前行的肚推式和用四肢爬行的脚爬式。偶尔还有只使用一条腿和一只胳膊的爬行姿势，也有伸直四肢、屁股朝天的爬行姿势。如果这些姿势都在7～10个月的时候出现了，那么说明宝宝发育正常。

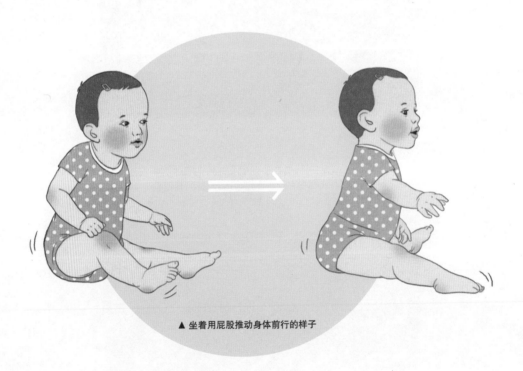

▲ 坐着用屁股推动身体前行的样子

138

但是偶尔会有用屁股爬行的宝宝，就是坐着让屁股扭来扭去推动身体前行的姿势。如果宝宝使用屁股爬行，那么最好让他们趴着，帮助他们用肚推式或脚爬式前行。

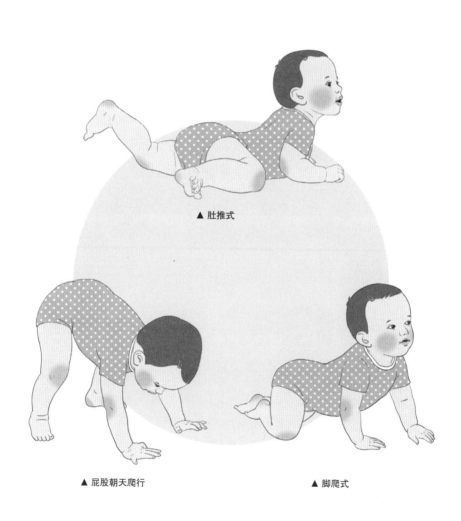

▲ 肚推式

▲ 屁股朝天爬行

▲ 脚爬式

独自坐起来

独自坐起来需要转动腰部和屁股，分别控制上半身和下半身，所以对于宝宝来说这并不是一个简单的动作。宝宝一般会连续做出下图的动作来让自己坐起来。

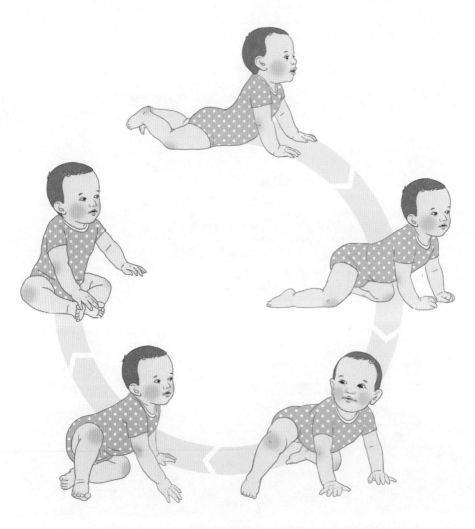

▲ 坐起来的连续动作

从坐姿转换到爬行姿势

从坐姿转换到爬行姿势的过程中，最困难的动作就是向侧面转动上半身，将姿势转换成肚推式或脚爬式。但是大多数情况下，宝宝都会从坐姿直接向前扑倒并伸出双腿，做出爬行姿势。

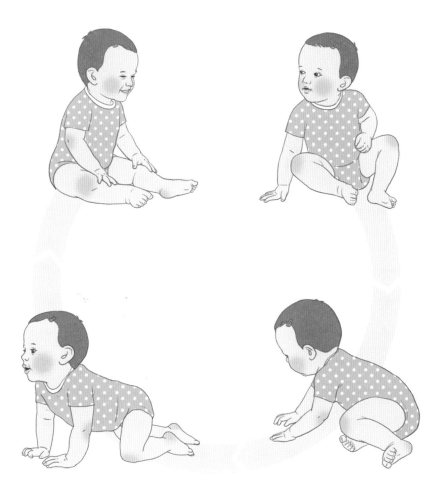

▲ 从坐姿扭转上半身，转换到爬行姿势的样子

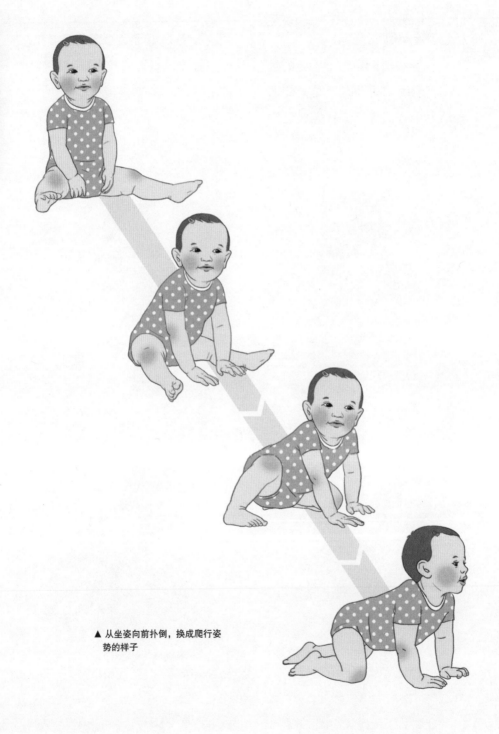

▲ 从坐姿向前扑倒，换成爬行姿
  势的样子

抓住沙发站起来

偶尔还有一些宝宝会从趴着的姿势独自坐起来之后，不进行爬行，而是直接抓住沙发站起来。对于这些宝宝，不用专门要求他们进行爬行。当然，爬行之后再抓住沙发站起来才是正常的顺序，但是也没有必要阻止宝宝坐着玩耍之后直接抓住沙发站起来。这些宝宝们会跳过爬行的步骤，进行坐起来、抓住沙发站立、抓住沙发向侧面行走、抓着妈妈的手行走、独自行走的一系列过程。

▲ 抓住沙发站起来

宝宝发育检查

大肌肉运动发育检查

❶7个月15天至8个月15天

让宝宝坐在地板上，观察宝宝有没有伸直腰部。

▲ 伸直腰部坐着的样子

▲ 无法伸直腰部坐着的样子

144

❷10个月15天

• 观察宝宝是否可以用前面提到的所有姿势进行爬行。（参考139页）

• 抓住宝宝的腰部，让宝宝的头部朝着地面，观察这一过程中宝宝的手是否会向前伸，这种反应叫做降落伞反应。因为手要比头部先落地才能保护自己，所以10个月的宝宝会在头部向下时本能地伸出双手。

▲ 没有伸出手、身体蜷缩的样子

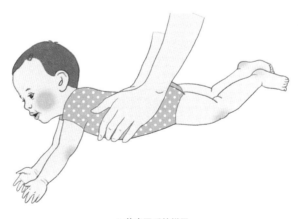

▲ 伸出双手的样子

宝宝发育游戏

大肌肉运动发育游戏

❶营造出有助于宝宝爬行的环境

•尽量减少沙发或其他家具，给宝宝提供足够的空间进行爬行。

•宝宝醒着的时候尽量让宝宝趴着，不要故意让宝宝坐着。

•为了帮助宝宝进行爬行，最好不要让宝宝坐在学步车上。

•让宝宝趴着，在宝宝面前放一个他喜欢的玩具，引导宝宝进行爬行。

•如果宝宝做了爬行的动作，要大声表扬他，但是不要将宝宝抱起来，要鼓励宝宝继续爬行。

❷抓住沙发独自站立

•在矮一点的沙发上放一个玩具，引起宝宝对玩具的兴趣，让他们抓住沙发站起来。

❸从坐着的姿势向侧面扭转腰部，转换到爬行
　的姿势

•宝宝坐着的时候，在他旁边放一个玩具，诱导
　宝宝向侧面转身并抓住玩具。要使用柔软的玩
　具才能避免宝宝摔倒的时候受伤。

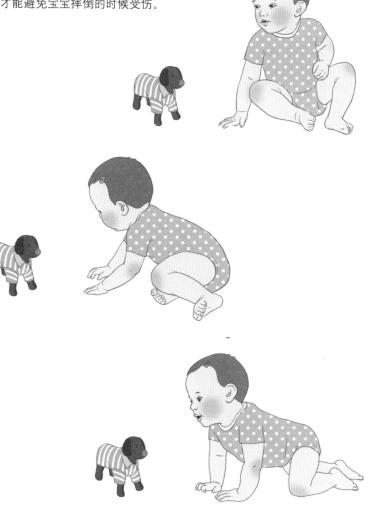

宝宝的小肌肉运动发育

7 ~ 10个月的宝宝处在一个可以使用双手和手指的时期。由于食指开始发育，宝宝有时候会向小孔中放入食指，也可以用双手抓着玩具互相敲打并发出声音。宝宝嘴唇周围的小肌肉和舌头也开始迅速发育，不仅可以接住用勺子喂他的食物，还可以活动舌头以便让稍微坚硬的食物变柔软之后再咽下去。

宝宝的手部活动

曾经有个8个月的宝宝，在住院的5天时间里一直打点滴，出院后来我这里接受检查。不知道是不是因为在右手打了点滴，宝宝抓东西的时候无法使用右手，总是使用左手。我抓住宝宝的左手，让他用右手抓住小豆豆，但是打了5天点滴的右手没能抓住小豆豆。让他的右手握住玩具的话，他会换作用左手抓。

8个月时是手的操作能力快速发育的时期。在这个时期有5天时间没有使用右手，足以导致手部功能退化。当然，重新开始使用右手，可以让右手的操作能力恢复到正常水平。

曾经有一位妈妈带着9个月的宝宝来找我。她虽然感觉宝宝的运动发育和行为发育有点迟缓，但是更担心伸不出大拇指的问题，所以就来接受了检查。宝宝8个月的时候，大拇指应该摆脱出生时插在手心里的状态，完全伸出来。偶尔有些宝宝在不使用大拇指的时候把大拇指插在手心里，但是抓东西的时候大拇指应该伸出来才正常。

这个宝宝的大拇指跟2个月大的时候一样，完全向手心折叠着。发育检查结果表明宝宝的认知发育和运动发育都只有5个月的水平，呈现出了发育迟缓的症状。如果认知发育和运动发育都有迟缓现象且大拇指也没有伸出来，那么应该诊断为先天因素导致的发育迟缓。也就是说，宝宝的中枢神经系统没有发育完全就出生了。

幸运的是妈妈观察能力出众，及早发现了宝宝的发育迟缓现象，尽快接受了。

7个月的时候，有些宝宝的大拇指虽然可以伸出来，但是还不能熟练地抓住物体。有些宝宝可以用食指按住小豆豆，还可以抓住小一点的玩具和饼干。

7个月之后，宝宝自己试图抓住小物体但是无法成功的情况中，有些是因为宝宝的手比较厚，而且手指较短，这些宝宝的父母的手大部分也比较厚。这样的手又叫做"锅盖手"，由于手像锅盖那样厚，所以就算大拇指已经伸出来了，也无法熟练地抓住物体。有些宝宝体重轻、身高矮、脸和手也很小，这些宝宝由于手太小，到7个月大也无法熟练地抓住物体。如果认知发育属于正常范围，不管宝宝是锅盖手还是

小手，到24个月的时候都可以正常使用双手。

宝宝的嘴部发育

6个月的时候，宝宝可以吃用勺子递过来的断乳食物。到7～10个月的时候，宝宝可以吃一些不太硬的食物。

宝宝到7个月的时候，小肌肉的发育会提高手部肌肉和嘴唇肌肉的灵活性。宝宝可以扭动嘴部咬食物，也可以用手抓着饼干吃。

宝宝在玩耍的时候张着嘴或总是流口水，因为宝宝的嘴周围的小肌肉发育的不是很好，所以他们的嘴部动作并不精巧。因此，应该喂宝宝一些容易下咽的食物。

如果为了让宝宝的颚关节得到发育，给那些小肌肉运动细胞并不出众的宝宝喂固体食物，会让宝宝感觉不舒服，导致宝宝吐出食物或拒绝进食。如果想让宝宝练习使用颚关节，可以通过让宝宝咬牙齿发育器进行练习。

宝宝发育检查

小肌肉运动发育检查

❶ 抓住地板上的小豆豆

为了抓住小豆豆，让宝宝用食指按住小豆豆。这时，由于宝宝试着使用所有的手指抓住小豆豆，所以豆豆会从手指间逃出去。

❷ 双手抓住玩具

让宝宝的一只手抓住玩具，然后将另一个玩具递给宝宝。这时，宝宝应该可以抓住原来的玩具，用另一只空手抓住新玩具。

小肌肉发育游戏

▶ 10个月 ◀

❶帮助提高手部灵活性的方法

双手使用频率越高，就会变得越灵活。如果宝宝的双手不够灵活，多给他创造可以使用双手的机会是非常重要的。宝宝7个月之后，要给他们玩儿需要使用手指才能抓住的玩具，而不是可以用手掌抱住的玩具。

▲ 用手指钻小孔

▲ 双手抓住玩具击掌

▲ 用手抓小饼干

宝宝的语言能力发育

可以理解事物的名称

宝宝在 7 个月之后，听到事物的名称会将注意力集中在某个事物上。到 9 个月的时候，宝宝们就会知道每个事物都有自己的名字。所以给宝宝讲周围事物的名称，对宝宝的认知发育有很大的帮助，尤其是 9 个月的时候。

很多学者对通过测试宝宝某个时期的智能来预测其成人后的智力非常感兴趣。至今为止的研究结果表明，9 个月是可以预测成人后智力水平的最早期，这时宝宝可以理解通过视觉或听觉认知的事物与作为语言刺激的事物名称之间的关系，即 9 个月是语言能力发育的重要时期。

宝宝在 9 个月的时候不仅可以理解名称，还开始理解妈妈、宝宝、奶奶等称呼。所以家庭成员越多，宝宝每天反复听到的称呼就越多，这是宝宝进行学习的好机会。

在语言能力发育上，语言理解能力比语言表达能力更重要。所以不要过于关注宝宝会说多少句话，而是要观察宝宝的语言理解能力有多少。这个时期的语言表达能力并不是预测宝宝大脑发育的重要因素，所以就算宝宝连一句话都不会说也不用过于担心。

尤其是那些经常张着嘴或流口水的宝宝，虽然说话会比别的宝宝晚一些，但是只要他们能认知简单的事物，就没有必要担心。所以，此时父母们更应该关注宝宝的语言理解能力，而不是单纯关心宝宝的语言表达能力。

宝宝发育检查

语言理解能力检查

▶ 10个月15天 ◀

❶ 使用精巧、会发声的玩具和宝宝玩耍，同时告诉他们事物的名称。观察宝宝是否可以同时认知事物的名称和声音的特点。

❷说出宝宝最喜欢的词时，观察宝宝是否有已经听懂的表情。

❸爸爸提高声音说出"不行！"时，观察宝宝是否会停止行动。

语言理解能力游戏

❶ 经常告诉宝宝水、"汪汪"、零食等他所熟悉的事物的名称。

❷ 给宝宝看爸爸妈妈的婚纱照，指着爸爸妈妈告诉宝宝他们的称呼。通过相同的方式告诉宝宝周围其他人的称呼。

宝宝的非语言认知发育

可以认知事物的存在和视觉上的高度

宝宝在 4 个月时，只要看不到妈妈，即使听到妈妈的声音，他们也会认为妈妈消失了，所以一定要看到妈妈的脸才会放心。

到 6 个月的时候，就算看不到妈妈的脸，只要听得到妈妈的声音，宝宝就可以认知到妈妈的存在，就不会感到不安，但此时用毛巾盖住某个事物，宝宝就会认为那个事物消失了。到 8 ~ 9 个月的时候，就算用毛巾盖住一个事物，他们也知道毛巾底下有那个事物，会用手掀开毛巾找出来。

这种利用认知程度进行的游戏就是"躲猫猫"。妈妈在窗帘前面让宝宝看到自己的脸，然后用窗帘挡住脸，这时宝宝知道妈妈躲在窗帘后面，所以不会感到不安。等到妈妈从窗帘后面出来的时候，宝宝会将此认知为和妈妈的互动游戏，会感到很开心。

在视觉上，宝宝还可以认知事物的高度。如果把宝宝放在高处让他们下来，由于宝宝可以认知视觉上的高度，所以会感到恐惧，会变得小心翼翼。

当宝宝爬到高处时，就算他感到不安，也要暂时让他看向下方，给宝宝提供可以认知视觉高度的机会。为了预防安全事故，最好在地板上铺上垫子。如果每次都去抱住宝宝，那么宝宝就不会看向下方，而是看着高度和自己相同的父母，从而伸出手将身体扑向前方。

当宝宝可以认知事物的存在和视觉上的高度之后，宝宝会记住抽屉里面有东西，所以就算关着抽屉，他们也可以拉出抽屉找出自己喜欢的东西，这就导致很多宝宝到处走动着打开家里所有的抽屉。由于最容易打开的就是厨房里的橱柜，所以为了防止宝宝走进厨房，翻抽屉时受伤，最好在客厅和厨房之间按上门。

宝宝发育检查

非语言认知能力发育检查

▶ 10个月15天 ◀

❶在空瓶或空碗中放入玩具，摇晃着给宝宝听它的声音。观察宝宝是否认知到是因为容器里面有东西所以才会发出声音，并试着伸出手确认里面的东西。

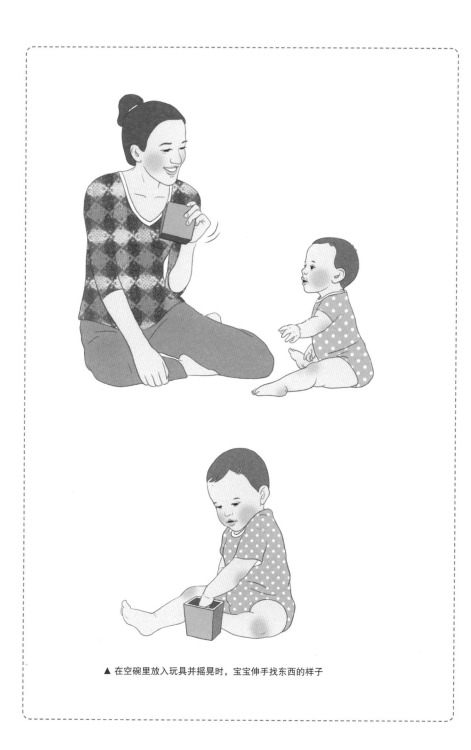

▲ 在空碗里放入玩具并摇晃时，宝宝伸手找东西的样子

❷将宝宝放在低一点的沙发上，观察宝宝是否会通过视觉认知沙发的高度，并变得小心翼翼。

非语言认知发育游戏

▶ 10个月15天 ◀

❶ 妈妈的两只手分别拿一个杯子，在桌子上放一个玩具。宝宝看着玩具
时，妈妈用一个杯子盖住玩具，另一个杯子直接放在旁边。让宝宝找
出玩具在哪个杯子里面。

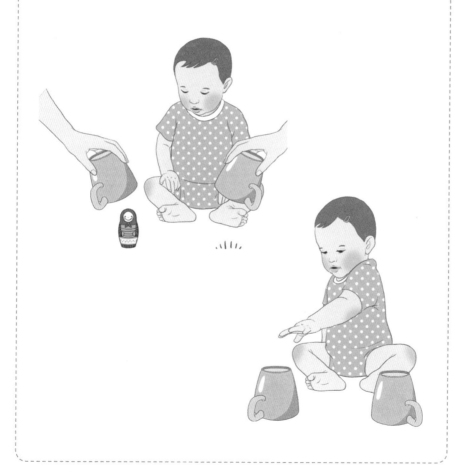

宝宝对事物的兴趣度

宝宝有特别喜欢的东西

7 ~ 10 个月的时候，有些宝宝喜欢坐着看图画书或玩玩偶，图画书和玩偶都是提供视觉刺激的游戏。而有些宝宝喜欢四处走动着用手触摸新鲜事物并进行探究，对新的声音感兴趣。

如果宝宝一整天都在看图画书，可以让宝宝把图画书放在一边，每天玩 1 ~ 2 个小时的玩具。如果宝宝喜欢四处走动触摸各种玩具和其他东西，就应该把图画书放在地板上引起宝宝的注意。

每个宝宝都有特别喜欢的玩具或事物。如果宝宝没有发育障碍，让宝宝一整天都玩自己喜欢的玩具也不会导致大脑发育上的问题。如果宝宝有发育障碍，应该将宝宝喜欢的玩具放在一边，给宝宝提供适应新玩具的机会。

宝 宝 发 育 检 查

对事物的兴趣度检查

❶ 宝宝拿着自己喜欢的玩具玩耍时，给他们看新的玩具，观察宝宝是否会对新玩具感兴趣。

❷ 将宝宝喜欢的玩具藏起来，观察宝宝是否对平时不太喜欢的玩具感兴趣。

❸ 宝宝在心理上感到不安、紧紧握着某个物品的时候，给宝宝提供可以引发兴趣的新玩具，观察宝宝是否会放下手中的物品。

宝宝发育游戏

提高对事物的兴趣度的游戏

❶ 如果宝宝有特别喜欢的玩具，在宝宝睡觉的时候把它藏起来，然后给宝宝看新的玩具，让宝宝对新玩具产生兴趣。

❷ 如果宝宝紧紧握着特定的玩具，不要抢过来，可以试着给宝宝提供新的玩具。如果被别人抢走了喜欢的玩具，宝宝会感觉很不开心。

❸ 给宝宝提供会发声且可以动的玩具，并给玩具起名字，比如："这个朋友叫做不倒翁。"

❹ 给宝宝看用手进行操作时能发声的玩具，告诉宝宝玩具的名字，跟他们讲："哇噻，发出呜呜的声音了，呜呜。"

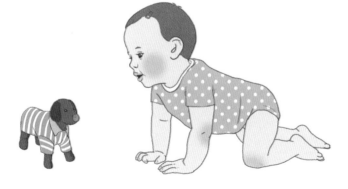

宝宝对人的亲密度

宝宝对他人抱有多大的兴趣，以及是否会通过面部表情和身体动作表现出这种兴趣，就是宝宝对他人的亲密度。

与主要抚养人的亲密度

7个月是宝宝和主要抚养人形成紧密的亲子关系的时期。宝宝需要经过6个月才会想："啊，这个人是永远都理解我、给我提供帮助的人。遇到困难时向他请求帮助，他一定会帮助我。"宝宝对主要抚养人的信任才会变得坚固。所以如果从出生到6个月这段时间，主要抚养人一直给宝宝提供信赖感，那么从7个月的时候开始，宝宝会在遇到困难时寻求主要抚养人给自己提供帮助。

但是和主要抚养人形成了强烈的信赖关系并不意味着宝宝会一直对主要抚养人微笑。决定宝宝对主要抚养人微笑频率的是宝宝天生的性格类型。所以宝宝不经常微笑并不意味着他与主要抚养人的亲密关系或信赖度产生了问题，父母没有必要因为这个而担心。

抚养爱笑的宝宝的父母不会感到太累，但是如果宝宝不太喜欢笑，抚养人会很容易感到疲倦。所以要好好分析抚养过程中的疲惫感是怎么来的，并向周围的人寻求帮助。

与陌生人的亲密度

我们可以通过7~10个月的宝宝和主要抚养人在一起时对陌生人做出的反应，来测试宝宝对人的亲密度。但是，陌生人与宝宝要保持一定距离。例如，过节的时候，很久没有见过面的奶奶抱着宝宝引起宝宝哭闹，并不意味着宝宝的亲密度有异常。

这种情况下，应该由主要抚养人抱着宝宝，让宝宝观察周围环境之后，由陌生人在安全距离外对宝宝微笑或将玩具递给宝宝，同时父母要注意观察宝宝的反应。

宝宝的情感调节

根据天生的性格类型，宝宝会在不安时做出如下的反应。

·很容易感到不安，感到不安时大声哭闹。

·不容易感到不安，就算因为不安而哭闹，也会很快停止。

·虽然不容易感到不安，但是一旦感到不安就哭得很严重、非常顽固。

7 ~ 10个月时，宝宝对不安感的反应不取决于主要抚养人的态度，而是宝宝天生的性格所决定的。所以宝宝容易感到不安并大声哭闹时，父母也不用安慰宝宝或过度保护宝宝。反而应该对温顺、不太容易感到不安的宝宝提供更多关注，就算宝宝不哭，也要努力观察他有没有不舒服的地方。

7 ~ 10个月的宝宝哭闹的最大原因就是无聊。对于经常四处

TIP 对陌生人亲密度的检查

观察宝宝在与陌生人共处的20分钟里做出什么样的反应，按照以下内容记录下来。

对陌生人的亲密度	非常符合◀——▶不符合				
	5	4	3	2	1
宝宝观察陌生人吗？					
陌生人微笑着表示友好时，宝宝经常微笑吗？					
陌生人递出玩具时，宝宝感兴趣吗？					
陌生人和别人谈话时，宝宝继续饶有兴趣地看着陌生人吗？					
陌生人微笑着抚摸宝宝的头时，宝宝没有拒绝吗？					

* 每个项目的得分越高，表明宝宝与陌生人的亲密度越高。12个月之前的亲密度一般取决于宝宝天生的性格。

走动探究整个屋子的宝宝来说，家已经不是可以引起兴趣的地方了。父母可能觉得 7 ~ 10 个月的宝宝还非常小，但是他们的认知能力和运动能力已经开始要求更广阔的世界了。

这个时期容易感到不安的宝宝可能除了大声哭闹外，还会打妈妈或撞自己的头。父母肯定会感到不知所措，但这时不能大声训宝宝，应该用严厉的表情和坚定的声音告诉宝宝不能这样。然后将宝宝的注意力转移到别的地方，或者轻轻地哄宝宝。

宝宝发育检查

宝宝的情绪调节能力检查

·宝宝的刁蛮性格检查表·

从父母的立场出发，检查宝宝以下项目。

	非常符合		不符合		
	5	4	3	2	1
❶宝宝醒来的时候大声哭闹。					
❷很难哄宝宝入睡。					
❸很难给宝宝喂食物。					
❹很难给宝宝洗澡。					
❺很难给宝宝脱衣服和穿衣服。					

❻宝宝见到陌生人会大声哭闹。				
❼很难哄宝宝。				
❽宝宝有什么不满意的地方就会大声哭闹。				
❾宝宝很难适应新环境。				
❿宝宝不愿意一个人玩耍。				

★ 如果爸爸妈妈对问题的回答有很大的差别，就可以认为对育儿感到更累的人倾向于认为宝宝更容易哭闹。

宝宝发育游戏

可以调节宝宝情感的游戏

❶仔细观察宝宝什么时候感到不安。

❷宝宝有不安感时，带着宝宝到别的地方去。最好去阳台或可以接触新鲜空气的室外。

❸抱着宝宝，弯曲膝盖然后又伸直，如此反复，来刺激宝宝的前庭器官。也可以四处走动来刺激宝宝的前庭器官。

❹让宝宝接触会发声并会动的玩具。

★ 给宝宝提供新的视觉或听觉刺激，可以帮助宝宝缓解不安情绪。

宝宝的 发育状况 Q & A

7~10个月

Q 7个月的宝宝不能自己坐起来，就可以直接站立，这属于正常发育吗?

我的宝宝从5个月的时候就开始爬行了，在其他人的帮助下可以很好地坐着，但是不能独自坐起来。前阵子我发现宝宝可以抓住椅子站起来了，这样跳过独自坐立的步骤直接站起来的情况正常吗?

A 从爬行直接发展到抓住物体站起来也是正常的发育过程。让宝宝爬行后可以独自坐立是最好的，但是家里有沙发或桌子、椅子等家具就很难给宝宝提供这些机会，所以不用担心宝宝跳过坐立的步骤抓住物体独自站起来行走。

Q 宝宝不做肚推式爬行。

我有一个6个月20天的宝宝。宝宝在100天的时候可以翻身了，但是目前还不能做肚推式爬行。前几天开始偶尔抬起肚子和屁股用双手和膝盖支撑身体。我觉得宝宝不会做肚推式爬行，直接跳到脚爬式爬行，有过这种宝宝吗？

A 由于宝宝已经做出用四肢支撑身体的动作，所以不久就会开始进行爬行。有些宝宝是跳过肚推式，直接进行脚爬式爬行的，所以应该耐心地等待。不管是肚推式还是脚爬式，只要宝宝能进行爬行就没有问题。

Q 宝宝的背部无法挺直。

我的宝宝现在9个月了，但是抱着他的时候身体不能挺直，背部总是弯着并摇来摇去。宝宝坐着的时候也无法笔直地挺起腰部，只能用胳膊支撑着身体，而且宝宝还不愿意坐着。他是在5个月的时候开始抬头的，但并不是很熟练。比起别的宝宝，我的宝宝身高偏高，是不是跟这个有关系？他进行肚推式爬行已经有1周的时间了，那之前都是滚来滚去的。我不知道这是宝宝的问题，还是我的育儿习惯有问题。

A 9个月的宝宝被别人抱的时候没有力气总是下弯，坐着的时候也不能笔直地挺起腰部，是因为肌肉的紧张度比较低，需要多给宝宝提供可以爬行的机会。宝宝的肌肉力量问题不是妈妈的育儿态度导致的，所以不用感到自责。而且身高和大肌肉的运动发育是没有相关性的。

Q 我的宝宝头部总会磕碰。

我的宝宝快要9个月了，最近正是独自站立的时期。但是他还不能维持平衡，所以经常摔倒。我担心摔得太严重会不会损伤大脑。是不是应该在地板上铺上柔软的垫子？

> **A** 由于站起来之后的快感太强，所以就算还无法完全保持平衡，宝宝也总想站起来，但父母要尽可能诱导宝宝抓着沙发站立。买来垫子扑满整个地板也是很好的方法，但过于柔软的垫子反而会妨碍宝宝维持平衡，所以应该买硬一点的垫子。

Q 宝宝坐立时会驼背。

我有一个10个月的男宝宝。宝宝能熟练地坐立和站立，但是坐着的时候好像不能挺直腰部。当然他也有笔直坐着的时候，但是经常会驼背坐着。抓着自己的脚指头玩耍的时候，他会向前趴着坐。我担心习惯这样坐之后宝宝脊椎会弯曲。对了，我的宝宝经常吮吸脚趾，还躺着用脚击掌玩耍，他这样做有什么特别的原因吗？

> **A** 10个月的宝宝坐着的时候会驼背，很有可能说明宝宝肌肉力量不足或有整体上的发育迟缓。尽量不要让宝宝坐着，应该让他多进行爬行。躺着用脚击掌玩儿是因为宝宝将自己的身体当做玩具了，这是很自然的现象。宝宝通过这种方式学习到触摸身体某个部位时会有什么感觉。但是我认为宝宝的大肌肉发育比较慢，建议您带宝宝去医院检查。

小肌肉运动发育

Q 宝宝总是流很多口水。

宝宝快7个月了，总是流口水。最近宝宝开始四处爬行着玩耍，但是由于流了太多的口水，他的下巴上总是会有很多小米一样的东西，给他戴上围嘴的话很快就会变湿，这是为什么呢？

A 有些宝宝会因为嘴部周围肌肉的紧张度低下，而流出很多口水。但是随着宝宝长大，嘴唇周围肌肉的运动能力会自然地提高，流口水的现象也会慢慢减少。7个月大的时候没有任何方法可以阻止宝宝流口水，如果认知能力发育和大肌肉运动发育没有迟缓现象就没有必要担心。到24个月大的时候，流口水的现象会自然改善。情况严重时，有些宝宝一直到24个月的时候也会流口水，但是只要认知能力发育属于正常范围，就应该耐心地等待。

语言发育

Q 我的宝宝会大声叫喊。

我的儿子8个月了。虽然并不是很清晰，但我的宝宝在刚满8个月的时候就开始说出了"妈妈"和"零食"等单词，最近发音越来越准确。当然，他说出"妈妈"的时候并不是在找我，在肚子饿的时候或想睡觉的时候说得更多一点。但是最近跟发出嘀咕声相比，更多时候宝宝会大声喊出"啊"、

171

"呃"。有时用高音喊，有时用低音喊，偶尔叫喊的时候还会呕吐。而且我发现宝宝大喊的时候肚子会用力地收缩。这也属于语言表达吗？

Ⓐ 8个月的宝宝通过腹部用力而大声喊叫是一种表达自我的方式。如果可以通过宝宝的声音分辨出宝宝是在生气还是处于兴奋状态，就可以根据宝宝的情绪做出相应的反应。如果宝宝大喊的时候很难分辨出情绪，妈妈应该做出"哦，原来是这样啊"的反应。

Ⓠ 宝宝的语言能力好像在下降。

我的宝宝快要到10个月了。叫宝宝的名字时他会看我，但不能确定宝宝有没有听懂。宝宝现在还不能说出"妈妈"、"爸爸"等单词，而且不管怎么跟他说"请到这里来"，他也不会过来。

Ⓐ 到10个月的时候，如果妈妈的声音是引人注目的那种语调，宝宝就会做出更多的反应；相反，如果妈妈的声音比较柔和，宝宝可能不会做出很大的反应。就算是同样的话，也可以使用不同的声音和语调说出来。宝宝在10个月的时候说不出"妈妈"、"爸爸"的现象，在判断发育问题上并不是很重要的指标。应该观察用严厉的声音说出"不可以！"时宝宝是否会紧张。

Q 会有一些宝宝说话特别晚吗？

据说在10个月的时候，宝宝应该可以说出"零食""爸爸"等单词。我的宝宝话说比较晚，让我很担心。宝宝偶尔在哭的时候说出"妈妈"、"哎哟"等单词。会有一些宝宝说话比别的宝宝晚一点吗？我非常担心。

A 评价10个月宝宝的认知能力时，能说出多少话并不是重要的指标。能说出"妈妈"、"哎哟"等单词，表明宝宝的语言表达能力属于正常范围。请观察宝宝能否根据妈妈不同的语调分辨出妈妈是高兴、生气，还是伤心。

Q 10个月的宝宝语言能力有发育迟缓现象。

我的女儿10个月了。宝宝的K-ASQ检查结果显示，宝宝的沟通能力、解决问题能力、社交能力比较低，他们说情况比较严重，可能是因为没有足够的语言环境的熏陶。除了大小肌肉的发育，其他项目的得分都比较低。但是宝宝现在还没有过10个月，还在继续发育，这些问题不会非常重要吧？我的宝宝不太喜欢做击掌的动作，而且也只会在心情不好的时候做摇头的动作。虽然经常发出嘀咕声，但是能够说出的单词只有"妈妈"、"爸爸"这两个。

A K-ASQ是一个通过简单的项目早期测出严重发育迟缓的检查工具，根据妈妈对宝宝的观察结果来进行诊断。检查结果表明宝宝有严重的运动发育迟缓现象才应该引起重视。如果运动发育没有问题，只有沟通能力、解决问题能力和社交能力等项目的得分比较低，就没有必要担心，到24个月的时候重新做一次检查即可。

Q 宝宝好像没什么好奇心。

我的宝宝9个月了，但是看起来没什么好奇心。用他喜欢的无线电话或其他玩具来诱导他爬行时，他会在半路上停下来用手刮地板。我的侄子们几乎都快要住在玩具箱子里了，而且还会乱哄哄地打开所有的抽屉，但是我的女儿从来不会在玩具箱子里找玩具，而且早上醒来之后只会躺着，也不哭。我过去微笑着跟她打招呼，她才会跟我微笑并到我怀里来。这是不是有问题呢？

A 宝宝可以独自爬行但不愿意走动着玩耍，说明宝宝可能喜欢视觉变化方面的刺激。可以给宝宝看图画书或给他看家人们的合照，也可给宝宝看各种各样的玩偶并告诉宝宝他们的名字。家里有客人拜访的时候，尽可能多让他们和宝宝进行对视，也可以让宝宝观察家人的举动。让宝宝在家门外坐1个小时观察过往行人也是很好的方法。如果宝宝觉得无聊，可以将宝宝带到附近的游乐场，让他有机会观察其他宝宝玩耍的样子，这样也可以促进大脑发育。

Q 8个月的宝宝看到手会大吃一惊。

从前几天开始，宝宝看到手就会吃惊。宝宝会把大拇指放到另一只手上，反复张开又握紧那只手，仔细观察好一会儿。据说看着自己的手吃惊的主要是智障儿童，但是我的宝宝可以独自站立，可以熟练地说出"妈妈"、"爸爸"这些单词，还可以熟练地用手抓住东西。但是看到宝宝看着自己的手吃惊的样子，我非常不安。

A 如果宝宝可以抓住物体并站起来，说明宝宝的运动发育没有迟缓现象。4~5个月的时候，宝宝会开始玩弄自己的手，所以宝宝现在玩的游戏比他实际年龄要小一些。宝宝玩弄自己的手时，可以给宝宝看会发声的玩具或带宝宝到外面去，将注意力转移到其他事情上。

对人的亲密度

Q 我的宝宝为什么只对人感兴趣呢？

比起玩玩具，我家7个月的宝宝更喜欢和我贴着脸或身体玩耍。宝宝不经常哭闹，看到人就会非常开心。相反，看到新的物体不会轻易去碰它，要观察一阵子直到熟悉了才会拿着玩耍。不熟悉的东西不会放进嘴里，给宝宝递上吃的东西，他也只会看着我的脸，这时候我就会感到郁闷。曾经看到过一些反应迟钝的宝宝在朋友中受到排挤的现象，这让我很是担心。我真羡慕朋友家的一会儿都不愿意静静地待着、总是动来动去的孩子啊！

Ⓐ 如果7个月的宝宝对玩具或新鲜事物不感兴趣而是对人更感兴趣，那么家庭成员多的环境会对宝宝很好，但是大部分家庭都只有核心家庭成员，所以父母可能会感到为难。这种情况下可以拜访小区周围的店铺，让宝宝和店铺的老板玩耍。如果担心宝宝会因为内向的性格而在朋友之间受到排挤，很有可能是因为妈妈的性格比较内向。请不要想着改变宝宝的性格，可以通过提高妈妈的社交能力来解决问题。

Ⓠ 宝宝不太喜欢笑。

我的宝宝是6个月22天的女婴。据说这个时期的宝宝非常容易被妈妈哄得很开心。但是我的宝宝不太喜欢笑，出声大笑的次数一天只有两次。有时即使成功地哄她笑了，但是过一会儿宝宝又会变得沉默寡言。宝宝其他发育项目看起来都很正常，我很担心她长大之后性格上会出现问题。

Ⓐ 有些宝宝由于性格上的原因生来就不太喜欢笑。对于育儿经验丰富的人，就算宝宝不太喜欢笑，也不会很担心。但是新手妈妈看到宝宝不太喜欢笑就会感到伤心、不安。宝宝7个月的时候不太喜欢笑，并不意味着长大成人之后性格上会出现问题，请多和宝宝一起玩她喜欢的游戏。就算宝宝天生的性格类型属于不太喜欢笑的那一类，她和爱笑的人一起生活10年、20年，也会变得喜欢笑。总是由父母扮演这个爱笑的角色会有点累，所以可以邀请一些喜欢笑的人到家里做客。

Q 宝宝做出打自己的动作。

我家10个月的宝宝性格非常安静，不会大声哭闹，经常被人们说性格温顺。但是比起同龄人，宝宝发出嘀咕声的次数太少了，令我非常担心。最近偶尔会发出"妈妈"、"叭叭叭"、"背背"、"爸爸"这种声音，还会突然大喊。虽然宝宝不经常笑，但是性格也不属于具有攻击性和暴力性的。但是大概从一周前开始，如果有不喜欢的事情或事情解决得不太顺利，宝宝就会抓着拉扯自己的头或做出用双手打脸的动作。一开始这种情况只会出现一两次，但是有陌生人到家里来时，情况就会变得严重。有什么好办法可以帮助宝宝改掉这种毛病吗？

A 宝宝拉扯自己的头发或做出用双手打脸的动作，是对爬行后遇到的不顺心状况的一种反应。父母肯定会希望宝宝能够改掉这个毛病，但是这些动作是宝宝不自觉的情况下做出来的，所以并不容易矫正。当然，10个月的时候在心情不好时做出的反应并不会延续到上学或成人之后。看到宝宝做出这样的举动，首先要做的就是平复宝宝的心情。如果大声训斥宝宝，那么只会使这种情况恶化。

· 请仔细观察宝宝在什么时候做出这种行为，尽可能避免让宝宝感到不舒服的情况。如果家里有客人的时候宝宝的情况会加重，那就需要尽快让客人离开。

· 不要严厉训斥宝宝的行为。假装没有看到宝宝的行为，反而可以减少宝宝的不安反应。如果训斥宝宝，由于训斥也是一种关心的表现，所以宝宝会为了得到父母的关注而强化自己的行为。

· 可以暂时把宝宝带到别的地方，让宝宝远离感到不安的环境，将注意力转移到其他事物上。

Q 宝宝哭得太厉害了

我的儿子8个月了。前不久，宝宝突然不愿意自己玩耍，总是要我抱着他。如果我不同意，宝宝就会拼命哭喊着让我抱他，他可以坚持几个小时爬着追我、抓住我的腿继续哭。宝宝有时候哭得太厉害，以至于呼吸都会变得不均匀，看起来很累的样子。我不知道宝宝为什么突然变成这样了？

A 从8个月的时候开始，宝宝的认知发育会变得很快，所以感到无聊的时候会哭得比较严重。如果宝宝哭着缠住妈妈，妈妈就应该停下正在做的事情，带着宝宝到外面去。如果将宝宝带到外面去宝宝就停止哭闹，那就意味着宝宝是因为感到无聊才会哭的。

Q 宝宝不哭。

我的宝宝是快8个月的女婴。和宝宝一起玩击掌游戏时，我突然关上门到外面去她也不会哭，而且宝宝一点也不认生。我有点担心，所以决定向您咨询。

A 宝宝看起来属于性格非常温顺的类型。温顺的宝宝就算感到不安也不会表达出来，宝宝不哭并不意味着宝宝没有感受到不安。以后在玩游戏时，不要再为了观察宝宝的反应就做出突然关门出去的行为，需要出去的话要先跟宝宝说："对不起，妈妈先出去，一会儿就回来。"出去时不要关严门。重新回来的时候要对宝宝说："谢谢你等我。"宝宝可以通过妈妈说话时的语气来理解妈妈说的意思。性格温顺的宝宝通常也不太会认生。如果宝宝过于温顺，也可以在有机会的时候接受一次全面的发育检查，这样有助于父母理解宝宝的行为。

说话有点晚
是因为不会爬行?

"您有什么事?"

看到带着一脸担忧的表情走进检查室的母亲,我问道。

"我的宝宝不会爬行,所以我很担心他的语言发育是不是也有迟缓现象,据说语言发育比较慢的宝宝都不聪明。"

"这位母亲,您为什么会认为宝宝不会爬行,语言发育也会迟缓呢?"

"不知道,书上好像有那样讲过……"

爬行运动法据说是脑瘫的治疗方法之一,所以在妈妈的圈子里曾经有为了促进宝宝的大脑发育就必须让宝宝爬行的传闻。

这种治疗法针对的是先天性大脑损伤导致运动发育不良的宝宝，是通过反复让宝宝对称地活动双腿来向大脑输入爬行动作指令的一种运动治疗方法。

大脑的运动发育部位受到严重损伤的宝宝很难做出爬行的动作，而且大脑整体发育成熟度比较低的智障儿童也很难做出爬行的动作。但是单单因为没有进行爬行的动作就将宝宝诊断为智力低下或发育迟缓是不对的。

观察不爬行的宝宝时需要注意一点，那就是宝宝只是单纯地没有做出爬行的动作，还是手部动作能力和语言理解能力也比较低下。当然，让新手父母观察 7 ~ 10 个月的宝宝的语言理解能力是很困难的。所以宝宝做不出爬行动作时，需要先观察手部活动，如果手部操作能力的发育也比较晚，那么就要接受整体的发育检查来确定宝宝认知能力的发育情况。

"可以独自行走！"

可以独自行走，并用食指抓住小豆豆，意味着宝宝的大脑里形成了可以独自解决问题的基本神经网络。所以要仔细观察这个时期宝宝的身体活动和手部活动。

Chapter

04

11～16个月
宝宝发育状况

● **主要发育目标** ●

大肌肉运动发育，小肌肉运动发育，语言
能力发育，情感调节能力

• 出生12个月时检查缺铁性贫血
• 确认是否能独自行走
• 确认能否做出抓豆豆之类的手部动作
• 确认是否可以理解简单的话语

"可以独自行走！"

　　11 ～ 16个月是宝宝爬行、抓住东西、向侧面走、抓住物体站立或独自行走等身体活动非常活跃的时期。宝宝可以独自活动身体之后会变得独立，同时也会越来越调皮。

　　5个月的宝宝只能用手掌抓住东西，到12个月的时候可以只使用食指和大拇指轻松地抓住类似小豆豆那样的小东西。可以独自行走并用食指和拇指抓住豆豆，意味着宝宝的大脑里形成了可以独自解决问题的基本神经网络。所以要仔细观察这个时期宝宝的身体动作和手部动作。

　　这个时期也是宝宝的饮食从断乳食物转换成成人饮食的时期，所以要通过成长曲线持续记录并确认宝宝的成长情况。断乳食物虽然可以提供充分的热量，但是偶尔会使宝宝出现缺铁性贫血，所以父母一定要关注这一问题。一旦宝宝开始熟练地爬行和走路，他们可能会变得越来越调皮。

宝宝虽然可以听懂日常生活中的简单用语并理解大人的意图，但是他们按照自己的想法做事的意愿会变得越来越强烈，所以这个时期妈妈很难得到休息的机会。

有些宝宝走起路来很熟练，但是一些腿部肌肉不强壮或平衡感差一点的宝宝需要过一段时间才能变得熟练。从宝宝学会走路到16个月为止，要给他们充分的时间来适应走路。

检查宝宝是否患有缺铁性贫血

宝宝吃得不多

这是曾经在电视里播过的案例。一个 12 个月的宝宝非常喜欢喝酸奶，一整天都要吃酸奶。如果不给他酸奶，宝宝就会拼命耍赖皮，于是奶奶在无奈之下一天给宝宝喂 10 多盒酸奶，用酸奶填饱肚子的宝宝不愿意吃别的食物。如果宝宝一整天都喝甜饮，因为吸取的热量非常充分，所以宝宝就算不吃饭也会变胖，但是大脑得不到所需的营养。婴幼儿时期缺铁会导致大脑发育水平低下，这是导致发育迟缓的原因之一。

就算不是一整天只吃酸奶，有很多宝宝也不愿意吃妈妈精心调制的断乳食物。如果这时试图把食物硬塞到宝宝嘴里，会妨碍宝宝和妈妈间的亲子关系。所以建议定期给那些不愿意吃断乳食物的宝宝做缺铁性贫血的检查。

TIP 给 11 ~ 16 个月的宝宝喂食

①如果宝宝的身高、体重都接近与生长曲线10％lie那条线，说明宝宝体重未达标，体格比较小，所以最好不要强迫宝宝进食。

②如果宝宝很难用嘴接住用勺子递过来的固体食物，那最好给宝宝做一些不用嚼就可以直接咽下去的食物。

③对于不太愿意吃东西的宝宝，在强迫宝宝进食之前，要先进行缺铁性贫血的检查，在必要的情况下先喂食富含铁元素的补品。

④如果宝宝由于吃得不多而体力不佳，可以在断乳食物里加1～2滴橄榄油来提高食物热量。

如果宝宝已经出现缺铁的症状，那么比起强迫宝宝进食，直接喂宝宝富含铁元素的补品是更好的办法

如果强迫宝宝进食，宝宝会更加反感，认为吃饭是一件不愉快的事情，这会对宝宝一生的饮食习惯造成影响。

如果宝宝的体重自出生起就位于生长曲线 5%lie ~ 10%lie，吃断乳食物之后还是位于 5%lie ~ 10%lie，那就说明宝宝天生体格就比较小。体格较小的宝宝胃口小，吃得本来就不多，所以不能强迫宝宝进食，而是应该遵循宝宝的食量喂食，然后进行缺铁性贫血的检查。

进行缺铁性贫血的检查之前，可以先进行简单的测试，就是从宝宝的手指上抽出一滴血进行检查。如果怀疑小型保健所贫血检查的可信度，可以去大型综合医院接受和成年人相同的血液方面的精密检查。

宝宝的大肌肉运动发育

宝宝可以独自行走

11 ~ 16 个月是宝宝行走动作熟练成型的时期。大肌肉运动发育比较快的话，宝宝不仅可以在 1 周岁时熟练地走路，到 16 个月的时候还可以抓住大人的手爬楼梯。但是就算大肌肉运动发育有点晚，到 15 ~ 16 个月的时候，大部分宝宝也都可以独自走路。所以对那些大肌肉运动发育比较慢的宝宝，我会说："一定要等到 16 个月的时候！"

没有必要检查宝宝目前的大肌肉运动发育是否达到了可以独自行走的水平。如果在 15 ~ 16 个月的时候可以独自走路，宝宝在 1 周岁的时候至少应该可以抓住沙发独自站立并向侧面行走几步。

如果宝宝 12 个月的时候还是只能爬行，不能抓住沙发站立的话，到 15 ~ 16 个月的时候也很

难独自行走。

如果认为宝宝将来可能无法独自行走，那就必须尽快进行运动发育检查和认知发育检查，然后决定是否需要接受治疗。大肌肉运动发育迟缓方面的问题要尽早诊断。

TIP ▶ 独自行走比较晚的宝宝

①大脑的认知领域和运动领域发育都比较迟缓而不能走路的宝宝：发育评价结果会显示认知发育和运动发育都有一些迟缓现象。虽然可以直接接受治疗，但是应该耐心等待宝宝的认知发育提高到正常水平。

②像脑瘫那样，大脑运动领域的障碍导致无法走路的宝宝：抬头、独自坐立、爬行等整体的运动发育都比较迟缓，但是语言理解能力属于正常范围。这种情况下要尽快接受小儿治疗，还需要进行发育评价来确认认知发育是否迟缓。

③平衡感较差导致宝宝不愿意独自行走的情况：宝宝抓住妈妈的手可以走得很好，但是不抓住别人的手就会坐下去。如果继续抓着宝宝的手帮他练习走路，宝宝的肌肉力量和平衡感都会有所提高，就会逐渐恢复自信，最终可以独自行走。大部分宝宝在16个月时都可以独自行走。

④运动能力低下导致无法独自行走的宝宝：由于肌肉力量和平衡感都比较低下，所以就算别人抓住一只手，宝宝的走路姿势看起来也很不稳。这种情况下，父母需要一直抓着宝宝的手帮他练习行走。还要确认宝宝的语言理解能力是否属于正常范围，如果宝宝先天性地就对语言理解感到困难，那是因为运动能力低下导致走路不稳。

宝宝发育检查

大肌肉运动发育检查

❶9个月16天至11个月15天

•能够抓住沙发弯曲一只膝盖，让一只脚变成90度，使自己站起来。

•用两只手抓住沙发向侧面行走。

❷11个月16天至12个月15天

•用一只手抓住沙发，向前行走。

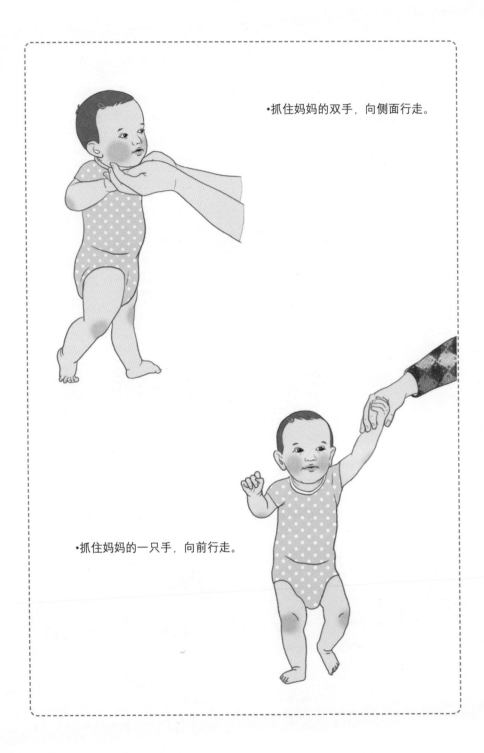

•抓住妈妈的双手，向侧面行走。

•抓住妈妈的一只手，向前行走。

❸16个月15天

·独自向前行走。

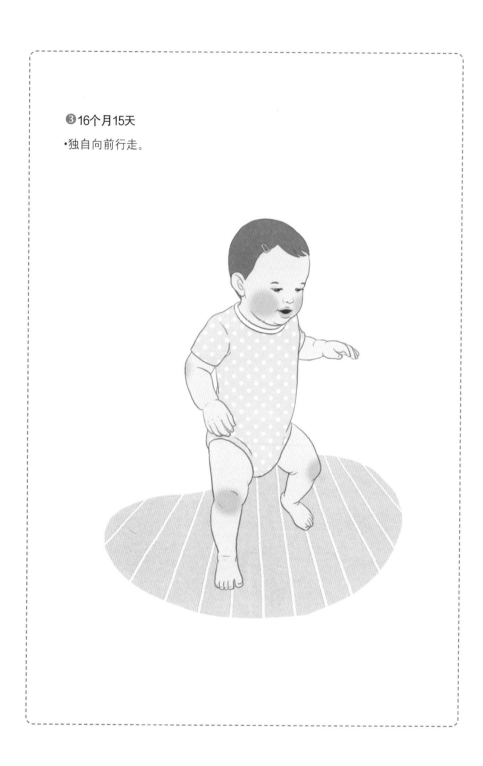

宝宝刚开始走路的时候很难保持平衡，就像人们第一次穿滑冰鞋站在冰面上一样感到不安。所以一开始走路时，宝宝两脚之间的距离会比较远，双手也会微微张开。逐渐找到平衡感之后，宝宝双腿之间的距离会变小，双手也会下垂，步伐也逐渐稳定。所以第一次走路的时候，就算宝宝走得非常不稳定，也不用过于担心。

▲ 双腿之间距离较远、双手微张的走路姿势　　▲ 双腿之间距离较近、双手下垂的走路姿势

大肌肉运动发育游戏

❶ 在地板上铺上垫子，以防宝宝摔倒的时候受伤。

❷ 利用小推车那样可以向前推动行走的玩具帮助宝宝走路。

❸宝宝的步子非常不稳定时，抓住宝宝的胯部。

❹宝宝的步子非常不稳定时，还可以给宝宝穿上鞋底比较硬、可以紧紧
裹住脚踝的鞋子，帮助宝宝练习走路。鞋底较薄、不能支撑住脚踝的
鞋子反而会妨碍走路，所以不应该给宝宝穿。

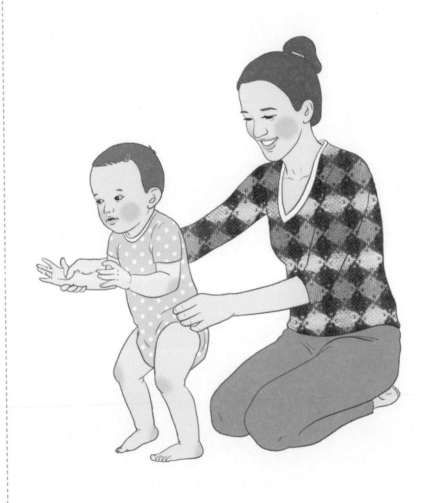

宝宝的小肌肉运动发育

宝宝的手部操作能力

到 12 个月的时候，宝宝可以用食指和大拇指抓住小豆豆。不仅如此，手部肌肉能发育到可以用食指和拇指抓住地板上小灰尘的水平。到 15 个月之后，宝宝可以将抓住的东西放到盒子里。发育较快的宝宝还可以将硬币放进入口较大的储钱罐里。宝宝需要抓着东西看向入口，眼睛和手部协调得好，才能将手里的东西放入盒子或储钱罐，这并不是一个很简单的动作。

从 11 个月的时候开始，最好让宝宝练习用手抓住比较容易抓住的东西并放到大的盒子里。另外，给宝宝看妈妈拿着蜡笔在纸上涂鸦的样子，宝宝也会学着用蜡笔在纸上涂鸦。到 16 个月的时候，宝宝可以更加自如地涂鸦。

宝宝的唇部活动

这个时期，宝宝嘴唇周围的

TIP 各个月份的小肌肉运动发育

2个月 》》	3个月 》》	4个月 》》
在大拇指塞在手掌里面的状态下，轻轻地握着拳头。	宝宝的手开始张开。	在宝宝的胸前放一个铃铛，宝宝的双手会聚在胸口上试图抓住铃铛。试图抓住东西的时候，宝宝的大拇指会完全张开。

5个月 》》	7个月 》》	9个月 》》	10个月
看到桌子上的小豆豆，会试图用全部的手指抓住小豆豆，也可以抓住骰子。	可以用食指按住桌子上的小豆豆，也可以熟练地抓住骰子。	可以用食指、大拇指和中指抓住小豆豆，也可以抓住骰子。	可以用大拇指和食指抓住小豆豆及骰子。

小肌肉也会发育得较好。宝宝用嘴接住勺子递过来的食物也不是很困难的事，还可以通过活动嘴唇模仿"零食"、"妈妈"等声音。如果发音不太流畅，说明嘴唇周围小肌肉的运动发育还没有成熟，不用特别担心。这时期宝宝在玩耍的时候嘴巴也是张开的，而且还会流很多口水。由于运动发育需要一些时间，所以宝宝张着嘴流口水的样子再难看，也要耐心地等待到肌肉发育成熟为止。

宝宝发育游戏

小肌肉运动发育游戏

❶ 在宝宝面前放一个小豆豆，让宝宝用食指和大拇指抓着小豆豆玩耍，这样有助于小肌肉运动发育。

❷给宝宝提供积木玩具，让宝宝把积木放进小锅里。

宝宝的语言能力发育

可以理解动词

宝宝从9个月左右开始就可以认知一些简单的事物名称。到11个月的时候可以记住自己喜欢的一两个单词。比如，宝宝可以听懂"零食"、"水"、"饼干"等单词的意思，并做出相应的反应。

到14～16个月的时候，宝宝可以理解日常生活中经常使用的动词，比如"不可以"、"出去吧"或"坐下"等。偶尔还可以听懂"请把纸尿裤拿过来"、"请把奶瓶拿过来"等。宝宝的语言理解能力会在14个月的时候开始快速提高，所以这个时期应该仔细观察宝宝是否能听懂简单的话语。

宝宝的语言表达能力

到12个月的时候，宝宝可以碰撞上下嘴唇进行发音，所以可以说出"妈妈妈"、"啪啪啪啪"。但是宝宝是否会说出很多话，不仅和嘴唇周围的运动发育状态有关，还和宝宝的性格特性有很大关系。而且语言表达能力对这个时期宝宝的认知发育没有多大影响，所以不用在意宝宝此时能说出多少话。这个时期更应该关注宝宝能理解多少事物的名称。

我们的社会整体上对宝宝发育的理解还不是很专业，所以还有很多人想通过宝宝幼儿时期的语言表达能力来推断宝宝的智力。就像认为很快就能走路的宝宝比较聪明一样，人们认为说话比较早的宝宝就很聪明。但是我们要记住，宝宝的认知能力跟语言表达能力没有关系，它是由语言理解能力所决定的。

宝宝发育检查

语言能力检查

▶ 16个月15天 ◀

❶ 说出宝宝喜欢的事物的名称，比如"水"，观察宝宝听到之后会不会做出找水的动作。

❷ 观察宝宝是否能听懂"坐下"、"起来"等日常生活中经常使用的动词。

❸ 说出"请把纸尿裤拿过来"的时候，观察宝宝是否能听懂并去找纸尿裤。

宝宝发育游戏

语言发育游戏

❶ 和宝宝玩耍的时候，告诉宝宝家里各种事物的名称，这样宝宝就可以学到不同的单词。

❷ 给宝宝看他喜欢的事物的图片，告诉他事物的名称。

· 和宝宝玩有助于语言发育的游戏时需要注意 ·

错误的方法 给宝宝看图片的时候最好不要说："宝宝，这个图片真好看，里面有松树、有狮子，还有老虎呢。"因为宝宝不容易认知长句中事物的名称。

正确的方法 指着图片里的狮子说"狮子"，指着老虎说"这是老虎"，也就是只说出事物的名称。

宝宝的情感调节能力

到 11 ~ 16 个月的时候，就算是运动发育比较迟缓的宝宝，也都可以爬行或走路。所以这个时期的妈妈为了不让宝宝在家里感到无聊，会带着宝宝参加各种游戏项目。有些宝宝到陌生的地方会表现出很强的好奇心、适应得非常快，但是有些宝宝从进门的时候就开始哭闹，让妈妈头疼。

宝宝不能适应陌生环境的时候，很多妈妈会认为是因为自己的育儿方式有问题，导致宝宝缺乏适应性。妈妈会认为宝宝的适应性是由亲子关系所决定的，所以就会回顾自己和宝宝之间的亲子关系。

但是 11 ~ 16 个月的宝宝对陌生环境表现出的反应是由天生的性格决定的。通过这个时期宝宝面对陌生环境时做出的反应，可以大致将宝宝的性格类型分为思考型和松鼠型。

思考型宝宝

思考型宝宝不仅对新的玩具感兴趣，还喜欢观察陌生环境中人们的举动。所以他们不会轻易接近新玩具，而是要先熟悉周围人的举动之后才会开始活动。偶尔在室内游乐场这种小孩比较多的地方，这类宝宝会感到害怕，一直黏在妈妈身边。

虽然这类宝宝对新的环境感兴趣，但是因为总是非常小心谨慎，所以不轻易碰新的玩具。妈妈在旁边鼓励宝宝，他才会碰一碰玩具。虽然身姿并不是很敏捷，但是运动发育并不迟缓。这类宝宝总想知道人们的心情和意图，他们可以通过身体语言、手部语言和别人进行沟通，所以和妈妈一对一玩耍的时候，妈妈会感到非常有趣。

思考型宝宝比松鼠型宝宝更喜欢看图画书，所以他们的语言理解能力发育得会比松鼠型宝宝更快一些。比起让宝宝积极参与到游戏中去，让宝宝观察游乐场里的其他宝宝会更有利于大脑发育。在没有完全熟悉周围环境的情况下直接让宝宝融入到游戏环境中的话，宝宝会感到不安，从而表现出很强的抗拒感。

松鼠型宝宝

比起周围的人，松鼠型宝宝更关注玩具和周围发生的事情。他们虽然在乎陌生人，并对陌生人感到紧张，但并不会为此放弃探索周围的游乐设施。进入到陌生环境时，松鼠型宝宝不会关注陌生人，而是会像松鼠跑向松子那样朝着新的游乐设施和玩具冲去。

由于松鼠型宝宝不好好听游戏老师的指示，所以很难期待他们在团体游戏中做出配合。不管老师说什么，他们都会按照自己的想法玩耍，所以会脱离团体，最终沉浸在游戏环境里。

松鼠型宝宝拥有对周围环境的敏锐观察力和敏捷的运动性。就算被父母训斥，他们也不在意。

父母批评他们或阻止他们，也只会在那一瞬间奏效，很快他们就会重新开始。在任何环境下，松鼠型宝宝都会积极地去满足自己想要玩的欲望。他们看起来总是吵闹、注意力不集中，并且非常散漫，但是拥有很敏锐的判断能力，他们是目标导向型的人。

松鼠型宝宝的眼睛和身体都在忙着探索周围环境，没有把注意力放在理解对方说话上，因此一不小心就会被其他人看成语言理解能力和语言表达能力发育迟缓的人。如果家里空间比较狭小，宝宝会希望到外面去玩耍，出去之后则不想回家。由于一天要带着宝宝出门好几次，所以妈妈的育儿压力会增加不少。

在家里给宝宝读书，他们也不会认真听，所以要多带着宝宝到新的地方去，同时也要注意保护好宝宝，以免他们在外面受伤。宝宝通过观察周围环境中发生的事情可以独自悟出很多事物的原理。

有些宝宝不喜欢读书或静静地坐在椅子上玩游戏，父母却硬让他们在家里玩卡片或看书，这样会增加抚养人和宝宝双方的不安情绪。对于这种类型的宝宝，在开始走路之后就要尽快把他们送到游乐室去。松鼠型宝宝一般对比自己小的宝宝不感兴趣，他们喜欢那些可以让自己学到东西的大孩子，所以让他们和大1岁左右的宝宝玩耍，他们会很开心。

偶尔有些宝宝的语言理解能力、大肌肉运动发育和小肌肉运动发育都很迟缓，同时又显现出松鼠型宝宝的特点，这种情况可能是发育迟缓的症状。所以如果宝宝显现出松鼠型宝宝特点，父母最好在家里确认一下认知发育和运动发育有没有问题。

宝宝的
发育状况
Q & A

11～16个月

缺铁性贫血检查

Q 宝宝好像对吃东西感到反感。

我的宝宝现在11个月15天了。他吃得实在是太少了，有时还会把食物吐出来，如果让宝宝自己吃饭，他连一勺都不会吃。所以我现在会用力张开宝宝的嘴巴，硬将食物塞进去。通过成长曲线记录会发现宝宝都达不到标准的10%。有一次宝宝吐出食物的时候，我给了他一巴掌。宝宝好像对吃东西感到越来越反感了，这样强硬地给宝宝喂食没关系吗？以前做过贫血检查，医生说还没有到需要治疗的地步，但是已经达到初期贫血的指标。因为宝宝不喝奶粉也不喝牛奶，所以到现在还没有断奶。

Ⓐ 11个月的宝宝不愿意吃东西，很可能意味着6个月时开始的断乳食物喂食没有成功进行。如果宝宝嚼不动米粒，可以磨碎之后再喂他。如果宝宝的体重位于生长曲线的10%lie那条曲线，还达到了初期贫血指标，那么这个宝宝很可能是胃部比别的宝宝小。体重位于10%lie的话属于正常范围，所以不用担心。体格较小的宝宝本来就吃得不多，而且讨厌需要嚼的食物，所以请将食物做成易于下咽的形态，然后可以在和医生商量之后喂宝宝一些富含铁元素的补品。

大肌肉运动发育

Ⓠ 宝宝一走路就会立马坐下去。

我是一个刚满14个月的男婴的妈妈。我的宝宝9个月时开始抓住物体站立，过了几天就开始伸直膝盖爬行了。不知道是不是因为宝宝用膝盖爬行得比较晚，他走路也比其他宝宝要晚一点。我要多让宝宝练习走路吗？我觉得不能再推迟下去了，所以就抓着宝宝的手让他练习走路，但是宝宝走不了几步就会坐下去。不知道是因为腿部没有力气还是因为害怕，只要我试图让他练习走路，宝宝就坐在地上根本不愿意起来。我应该怎么办呢？

Ⓐ 有些宝宝不是因为腿部没有力气，而是因为很难保持平衡才不能走路。如果宝宝9个月的时候可以用四肢爬行，那么14个月的时候不能独自走路也不用太担心。硬是让宝宝站起来走路的话，宝宝会对走路产生抗拒心理。需要注意的是，到16个月的时候还不能独自行走的话，就需要进行运动发育和认知发育的检查了。

Q 宝宝16个月了，但是还不能走路。

我的宝宝16个月10天。他从10个月开始就可以抓着物体站立并行走了，但是到现在宝宝还不愿意独自站立。几天前接受过一个免费提供的婴儿发育测试，他们说宝宝的语言能力发育有点滞后。这个跟走路有点晚会不会有什么联系？我真的很担心。

A 如果16个月的时候还不能独自走路，我建议您带着宝宝接受发育检查。需要确认宝宝是因为整体上的发育迟缓还是大肌肉发育迟缓，然后要根据检查结果决定是否接受治疗。如果宝宝的运动发育比较迟缓，那说话也会有点晚，但是说话比较晚并不意味着宝宝的认知发育会产生迟缓的现象。要检查大肌肉运动发育、小肌肉运动发育和语言理解能力的发育水平之后，才能知道宝宝目前的发育情况。

Q 宝宝17个月了，头比较大，无法走路。

我的女儿不能独自站立和走路，但是可以抓着我的手或其他东西站起来并行走。我在医院的小儿科做过成长发育检查，因为宝宝的头有点大，所以做了大脑断层扫描。结果显示宝宝的运动发育只有10个月的水平，其他的都正常，医生说要在家里让宝宝努力运动。只要让宝宝练习走路就可以吗？是不是要做其他检查？我非常担心。

A 宝宝出现运动发育迟缓现象，有些是因为头太大。如果在医院拍摄了宝宝的大脑断面，那么宝宝的头围很可能接近于生长曲线的97%lie那条曲线。宝宝头太大也会出现整体上的发育迟缓。比起在家里努力做运动，这种情况下最好在进行发育检查后，接受相应的治疗或小儿运动治疗。宝宝的头太大的话，一定要在24个月和60个月的时候进行发育检查，来评价宝宝的认知发育水平。

Q 宝宝只使用左手。

我的宝宝现在有13个月了，但是只使用左手，这让我非常担心。让宝宝的右手握住饼干的话，他会换到左手抓着吃。侄子也经常使用左手，这是遗传的吗？我不知道该怎么办。

A 每个人都在右手和左手之间有一只更擅长的手，右侧大脑先天更优越的人就是使用右手。宝宝哪一侧大脑更优越是出生的时候就已经决定的，所以没有必要强制他用不太习惯的那只手。很久以前，一家人都拥挤地围坐在一张饭桌上吃饭，用左手吃饭的人会妨碍旁边的人，在小书桌上和同桌坐在一起时，用左手写字也会给同桌带来不便。但是现在有很多专门为使用左手的人设计的产品。请允许宝宝使用左手，这很大一部分是遗传的影响。

Q 我好奇语言能力发育与是否使用奶瓶有没有关系。

我的宝宝是16个月的男婴。他绝对不会用杯子或吸管喝牛奶，所以到现在我还在用奶瓶喂奶。宝宝非常喜欢吃饭，考虑到营养因素，我将牛奶倒在奶瓶里喂他喝。但是好像有一种说法，就是用奶瓶喝奶的话宝宝说话会晚，这个说法有依据吗？

A 如果宝宝可以很好地嚼动米粒，那么用奶瓶喂奶也没有关系。但是一直到24个月还使用奶瓶的话，可能会使嘴唇周围的小肌肉发育变慢，导致发育迟缓。所以最好不要让宝宝长时间咬着奶瓶。

Q 宝宝还不能熟练使用勺子。

我的宝宝是13个月的男婴。宝宝现在还不能熟练使用勺子，这让我非常担心。应该怎么教他呢？

A 对于一个刚过完周岁的宝宝，使用勺子是一件困难的事情。如果想提高手的操作能力，可以多让宝宝练习将小玩具放进透明的盒子里。此外，用手揉搓面团的游戏也很有帮助。

Q 我的儿子发育比较慢，这让我非常担心。

宝宝刚刚15个月，在12个月的时候接受了婴幼儿检查，发现小肌肉运动发育和语言方面的发育有点慢。宝宝不能抓住铅笔画画，也不能堆积木，现在还不能走路。尤其是吃饭的时候，宝宝只会用手接住别人喂他的食物，如果不给的话就会哭。如果让宝宝抓住勺子吃饭的话，他就会向后倾倒，将食物都扔掉。最近我带宝宝去了一个早教中心，在那里看到其他孩子都可以很好地做出各种手部动作，但是我的宝宝整堂课都爬来爬去。我在宝宝9个月的时候就因为身体不舒服而停止给他喂母乳了，不知道是不是因为这个原因，宝宝才会这样。

Ⓐ 如果到15个月的时候宝宝还不能走路，那很有可能是因为大肌肉运动发育和小肌肉运动发育比较慢。运动发育缓慢并不意味着认知发育也会一起变慢。请通过专业的发育检查了解一下宝宝目前的大肌肉运动发育、小肌肉运动发育、非语言认知发育和语言理解能力水平。有人认为宝宝发育缓慢是因为妈妈教育得不好，我不同意这种看法。15个月宝宝显现出发育迟缓，是因为宝宝本身发育比较慢，周围环境的因素并不能导致宝宝走路变慢或手部操作不灵活。我们需要给宝宝提供符合他目前发育水平的游戏，所以希望您带宝宝去接受发育检查。

Ⓠ 16个月的男婴不太擅长猜图案。

我的宝宝16个月了，所有发育项目发育得都比较晚。不仅是说话，连小肌肉运动发育也很慢。而且宝宝的空间认知能力好像有问题，做不了穿线或猜图案的游戏，猜图案的游戏只能猜出圆形。以前我会耐心地坐着教宝宝认识星形、三角形和方形，但是现在如果要教他的话，宝宝会胡乱扔掉那些图形。我希望宝宝的空间认知能力能好一些，请给我推荐一些玩具或教育方法。

Ⓐ 16个月的时候，宝宝只能猜出圆形或方形之类的简单图形。如果想让宝宝喜欢上图形游戏，可以先从一些简单游戏入门，比如把硬币放进储钱罐、往小孔里插吸管、在小杯子里放豆豆等。如果宝宝做得好，就可以让宝宝做提高速度的练习。

Ⓠ 请给我推荐一些发育迟缓的宝宝可以玩的玩具。

我的宝宝现在16个月，但是他的发育水平还不及刚满周岁的宝宝。最近宝宝接受了一点治疗，但是因为我身体状况不太好，所以现在就待在家里。在家里一直和宝宝玩耍也很累，有没有比较好的玩具？宝宝现在还不能走路，也不能熟练使用手指，但是他可以扶着墙壁和椅子侧身行走。

Ⓐ 如果接受过治疗，可以向医生循问宝宝的手部操作能力达到几个月的水平，然后根据宝宝的手部发育水平来给他提供适合的玩具。如果宝宝的手部没有到12个月的发育水平，那么应该先做抓住小东西的练习和往小孔里塞手指的游戏。

Ⓠ 请告诉我一些有助于小肌肉发育的游戏。

我的宝宝16个月了。宝宝出生的时候体重偏小，只有2.8千克。虽然宝宝的身高和体重都没有达到平均水平，但是我并没有很担心。宝宝对断乳食物和饭非常感兴趣，但是现在只有9.2千克，身高也偏矮，是74.5厘米，所有的发育都比较缓慢。宝宝出生后过了130天才能翻身，成功翻身之后才开始抬头，肚推式爬行也是很晚才成功做出来，爬行和扶住东西走路都比同龄人做得晚。最大的问题是宝宝到现在还不能松开大人的手独自站立。小肌肉发育也很晚，不能熟练地用手抓住东西，切成很小块的面包和水果也不能抓着吃。宝宝试图抓住食物而没有成功的话，就会打翻碟子、扔掉食物。所以我需要将食物一口一口喂到他嘴里，而让他使用勺子是根本不能想象的事情。用杯子喝水的时候也会流出很多水。前不久宝宝刚戒掉了奶瓶，但是到使用奶瓶的最后一刻，他也没能独自抓着奶瓶喝奶。按住纽扣和按钮的动作也是前几天刚刚开始做出来的。有没有帮助小肌肉运动发育的好办法？

Ⓐ 宝宝到16个月的时候还不能走路的话，不只是小肌肉运动发育有问题，此时应该做一次整体的发育水平检查，确认各个领域的发育水平如何。如果现在还不能松开大人的手走路，那就要先让宝宝练习走路。还要确认宝宝的语言理解能力水平，然后根据宝宝的水平跟他适当地玩耍。

Ⓠ 小肌肉运动发育慢的话，说话也会比同龄人晚吗？

我的宝宝是15个月的男婴。宝宝从1个月前开始走路，现在走得很好。宝宝在家里不爬行，几乎一直走路。宝宝能说出"妈妈"、"爸爸"、"背背"、"水"、"没有"、"这个"这些单词，如果我说"拜拜和亲亲"、"请敬礼"的话，宝宝会做出敬礼的动作。宝宝能够听懂事物的名称并准确地递给我，但是对于"不行"或"脏"这些单词，宝宝会做出反抗的行为。我担心的是宝宝的小肌肉运动发育问题，宝宝不太擅长用食指和大拇指抓东西。吃零食的时候经常弄掉，所以会发脾气；用勺子吃东西的时候，也需要我来抓住勺子喂他吃；叉子也用得不熟练，需要我叉住食物之后递给他。据说小肌肉运动发育比较慢的话，说话也会比同龄人晚一点，这令我很担心。宝宝不喜欢独自玩玩具，前不久他会认真听我给他读书，但是最近连书也不喜欢看了。

    Ⓐ 宝宝的认知发育没有问题，他的大肌肉运动发育和小肌肉运动发育好像不太好。但是如果语言理解能力没有问题，那么就算宝宝不太擅长用食指和大拇指抓东西也不用担心，顺其自然就可以，没有必要特意让宝宝练习手部操作。

Ⓠ 对于手部操作不灵活的宝宝，玩黏土会有帮助吗？

我的儿子现在14个月，但是由于手部操作不太灵活，现在不能长时间抓住东西。捏着黏土玩会对手部操作有帮助吗？

    Ⓐ 玩黏土能给宝宝提供使用手掌和整个手指的机会，所以会对手部操作有帮助。但是这个游戏不会像退烧药那样立即见效，请不要期待这个游戏能有快速的治疗效果，把它当成愉快的游戏就可以了。

Q 请给我推荐一些适合小肌肉运动发育比较慢的宝宝做的运动。

我12个月的儿子发育比较慢。10个月的时候做出了肚推式爬行，到12个月的时候才开始爬行。做婴幼儿检查的时候很多项目都做不出来，小肌肉发育尤其慢，宝宝甚至做不出击掌的动作。给宝宝做了为期2周的肌肉运动也没有好转，因此医生建议我去大医院做进一步检查。

A 如果在12个月的时候才开始爬行，那么宝宝的大肌肉运动发育和小肌肉运动发育都比较慢。所以为了以后能够走路，宝宝应该做大肌肉运动游戏，而不是运动小肌肉。请在接受专业的发育检查之后确认一下宝宝是否需要专业治疗。

语言发育

Q 宝宝15个月，但是几乎不怎么说话。

我的第二个宝宝现在15个月，我的第一个孩子说话比同龄人晚了一些，但是第二个孩子到现在为止连"妈妈"、"爸爸"都说不出来。他是在11个月的时候开始爬行的，现在可以熟练地玩积木了。抱着宝宝问她"想去哪儿"的话，宝宝会指向自己想去的地方。但是宝宝只会说"呃"、"我"、"啊"这些话。我的宝宝只是发育比别人晚一点吗？

A 就算宝宝说不出准确的单词，只要能听懂简单的话，还可以用手部动作表达出自己的想法，那么对于一个15个月的宝宝来说，我认为她的语言能力就属于正常范围。就算宝宝一句话也说不出来，只要她能用手部动作表达出自己的想法，那就没有问题。

Q 检查结果表明宝宝的语言认知发育有点慢。

我的宝宝刚刚11个月，婴幼儿检查结果表明宝宝的语言认知非常差。妈妈说出"击掌！"宝宝也不会做出击掌的动作。跟他说"拜拜！"宝宝不会摆手。所有11个月的宝宝都能做出这些动作吗？

A 11个月的时候，宝宝的语言认知能力是根据能听懂多少话，而不是能说出多少话来判断的。而且对于11个月的宝宝来说，"击掌"是很难理解的单词。妈妈在说"拜拜！"的时候宝宝不摆手，这看起来像是有运动发育方面的问题。请观察妈妈说出"零食"和"牛奶"等宝宝喜欢的单词时宝宝能否理解，只要确认宝宝听到妈妈的话之后会睁大眼睛向四周看，就说明他的语言理解能力没有问题。

Q 请给我推荐一些好的语言教育方法。

今天填了婴幼儿检查表，宝宝的大肌肉运动发育和小肌肉运动发育都是"○"，只有认知发育是"×"。检查表上有这样一个问题：跟宝宝说"请把球拿过来"时，宝宝会不会看向球。我以前和宝宝一起玩球的时候，并没有教过他那个东西叫球。现在宝宝只能说出"啊妈妈"这种没有意义的话，并发出一些怪叫声和尖叫声。我在早教中心见到一些妈妈常常和宝宝说话，我很想知道宝宝出现认知方面的问题是不是因为我和他交流太少了。在初次对孩子进行语言教育的时候，怎样开始比较好呢？

Ⓐ 首先要不停地重复宝宝喜欢的那些物品的名字。例如，如果宝宝喜欢球的话，就要不停地告诉宝宝那是"球"。此外，与其给宝宝读图画书，倒不如清楚地把图画书中出现的"狮子"、"老虎"、"气球"等事物的名称告诉宝宝。在宝宝出生12个月左右的时候，告诉宝宝各种事物的名称就是一种非常好的语言教育方法。

感情调节能力

Ⓠ 我的宝宝胆小吗？

我儿子12个月，在接触新事物的时候，总是先用手指触摸之后才用手去拿，小的时候就只是安静地看着而已。虽然婆婆说宝宝属于小心翼翼的性格，但是我还是担心是不是因为宝宝的好奇心不够旺盛。我的宝宝是因为胆小吗？

Ⓐ 这并不是因为胆小，只能说是一个在探索新事物的时候比较小心翼翼的宝宝。还有一个可能就是疑心比较大或是只有在自己确信了之后才会产生信赖感的宝宝。宝宝在还没有做好心理准备的状态下，妈妈不要强迫孩子去探究，而是应该仔细地观察宝宝的行动。只要给宝宝足够的时间去探索周围就可以了。就像在幼儿园里有适应速度很快的宝宝和适应速度很慢

的宝宝一样，在适应新环境的时候，根据宝宝天生性格的不同，也会存在一定的时间差异。

Q 总是不停地跟着朋友转，总是愿意去触摸

我儿子快一周岁了，他经常会跟小区里的小朋友们一起玩，但是他总是喜欢不停地去抓其他小朋友的头发或是靠在他们身上，有时候还会拉扯小朋友们的衣服。他不喜欢玩那些玩具，反而更喜欢跟在小朋友身后转来转去，喜欢不停地用手触摸别人。我真不知道遇到这种情况的时候应该怎样去应对。

A 您的儿子是一个不喜欢玩具，而是对别人充满好奇的宝宝。他对自己的朋友们充满好奇，正因为不知道应该怎样表达，所以才会像触摸玩具一样去触摸自己的朋友。希望您可以亲切地告诉宝宝不能抓小朋友们的头发。最好是给他机会，让他去观察其他的小朋友，但是一定要保证在不会伤害其他小朋友的范围内。

Q 总是喜欢咬手指

我的宝宝刚过完周岁生日20天，总是咬自己的食指。他出现这种状况已经有很长一段时间了，我已经认真观察过了，他并不是在吸吮，真的是用牙齿咬。所以，食指的指尖部分一直都是黄色的。他好像是觉得无聊的时候就会

咬手指，不容易纠正。我很担心继续这样下去的话，他的手指会不会出现其他问题。而且每当他很困的时候都会使劲儿挠自己的头，有时候甚至会把自己的头皮挠出血来。虽然我经常给他剪指甲，但是他的头上还是会留下疤痕。他晚上睡觉的时候会醒很多次，每当那个时候他挠头就更严重了。这样置之不理没问题吗？

Ⓐ 宝宝吸吮手指就表示心理不安。对宝宝来说，无聊也是一种不安情绪，生物节律发生改变也是不安。白天的时候要尽可能地不让宝宝感到无聊，这样才能减少宝宝吸吮手指的时间。如果宝宝在睡觉的时候吸吮手指，最好还是不要特意把手指抽出来。在哄宝宝睡觉的时候最好就是利用背带，让宝宝把手放下来，把宝宝背在后背上慢慢地哄睡。

Ⓠ 宝宝太固执了

我女儿15个月了。她在11个月的时候就会走了，每天运动量非常大，除了睡午觉的1~2个小时之外，每天都过得很忙碌。她并不会认真地跟着学说话，倒是总喜欢一个人嘟囔。从3个月前开始，我就带她去和同龄的孩子一起玩游戏，有一点让我很担心，那就是她看上去要比其他的孩子散漫很多。她看到同龄的孩子就会非常开心，对新玩具和娱乐设施也很感兴趣，但是每当要与老师及其他孩子一起玩游戏、上美术课的时候，她就一会儿都坐不住，很快就会把注意力转移到其他新玩具上。如果我在这个时候强制她集中注意，她就会发脾气。就算是老师让所有小朋友集合她也不会过来，就像没听到一样，一直玩自己的游戏，如果不让她如愿，她就会耍赖。她总是想按照自己的意愿去做所有的事情，我该怎么办呢？

A 我觉得您的女儿应该是一个不在意别人行动的宝宝。这样的宝宝总想按照自己的想法去做任何事情，对别人的反应并不敏感。所以宝宝就需要去接触幼儿园这个环境。虽然没有太剧烈的游戏和活动，但是在吃饭的时候看到其他人吃饭的样子，在睡觉的时候看到其他人睡觉的样子，那么就会渐渐地开始在意身边人的反应，就会获得一种模仿学习的机会。如果游戏频率小，从宝宝的立场上来看根本就不知道应该去模仿什么样的行动，因此就不会对身边的环境产生兴趣。当宝宝在幼儿园里跟那些每天都会待在一起3~4个小时的小朋友相处的时候，模仿效果就会非常明显。

Q 宝宝总撕书本

我女儿刚满16个月。我从她7~8个月的时候就开始给她读一些图画书。她最近总是缠着我给她读书，但却总是撕书本，让我不得不对她发火。我想知道用什么样的方法对她进行指导比较好。

A 如果宝宝喜欢撕书本的话，不要批评她，最好是不要让她看到书本。书本不是拿着玩、撕着玩的东西，而是用来看、用来阅读的东西。您的宝宝现在好像并不明白妈妈在给她看书的时候说的那些话。与其给宝宝看图画书，不如给宝宝一些可以拿着玩的玩具。

Q 孩子不喜欢牵手

我儿子12个月零10天。他刚刚学会走路没几天，但是却不喜欢牵别人的手。11个月的时候才学会跟别人握手，如果别人说要跟他握手，他也会很高兴地把手伸出来，但是握住别人的手快速地晃动两下之后立即就把手抽出来。如果想教他堆积木或是用笔画圆，我就必须要握着他的手一起画才行。如果我想握着他的手一起做点儿什么，他很快就会把自己的手抽出来。所以我根本就没法教他学任何东西。

> A 有些宝宝特别喜欢跟别人进行肢体接触，而有些宝宝则不太喜欢。甩开妈妈的手并不代表他在心理上抗拒，想要甩开妈妈，而是对妈妈带来的皮肤刺激的一种拒绝反应。如果是对皮肤刺激比较敏感的宝宝，父母最好尊重宝宝，不要轻易去握孩子的手。如果不尊重宝宝的这种反应而总是去握孩子的手，很有可能会让孩子对妈妈也产生抗拒。即使妈妈只是在宝宝面前玩堆积木的游戏或是拿着铅笔涂鸦，宝宝也会把妈妈的这些行动记在脑海中。

Q 宝宝很胆小，而且很固执

我儿子14个月零15天，他非常胆小。如果马路对面有人走过来的话，他就会抓着我的裤子藏在我身后。他平时见的人也不少，真不知道为什么会这样。别人给他饼干的时候他不会要，要是强迫他接过来，他会立即扔掉，可以说是一个很固执的宝宝吧。他不喜欢别人抓着他的手走路，喜欢自己一个人走路，就算是妈妈不跟他去，他也会一个人走。如果阻止他的话，他就会立即坐下来或是躺在地上。应该怎样照顾这个宝宝呢？

Ⓐ 您的宝宝有可能是对其他人充满怀疑的宝宝。就算是天生具备抗拒别人的性格的宝宝，在24个月之后，随着经历的增加，自然而然地就会靠近那些给自己带来快乐体验的人，只是对那些无法让自己体验快乐的人表示出抗拒反应。不想与别人握手也不是对人的抗拒，而是对肢体接触或是想要拘束自己意图的一种抗拒。当他在走路的时候看到有车过来的话，妈妈可以使劲握住宝宝的手，然后告诉他要小心，那么宝宝就会明白妈妈的肢体接触是为了保护自己。当宝宝躺在马路上的时候，可以非常强烈地告诉他不能那样做，然后抱着宝宝回家。希望在宝宝24个月的时候仔细观察一下，宝宝是在语言理解能力属于正常范围的情况下比较固执，还是语言理解能力迟钝的情况下比较固执。

Ⓠ 宝宝害怕同龄人

我女儿13个月。刚出生的时候她是一个非常温顺的宝宝，但是从1个月前，她每天都跟一个比她大两岁的比较强势的表姐见面，大约持续了一个星期左右，经常会被那个姐姐打骂。以前她经常跟她同岁或是大一两岁的姐姐、哥哥们在一起玩，但是自从被表姐欺负之后，只要看到跟自己同龄的孩子或是比自己大一两岁的孩子靠近的话，就会吓得躲在妈妈身边不撒手。但是看到那些比她大五六岁的孩子的时候反而非常高兴，有时候还会主动靠近他们，并且努力地想要吸引他们的注意力。1个月前发生的事情已经过去很长一段

221

时间了，她是因为还记得那个时候的事情吗？或者是她的社会交流方面存在问题呢？

Ⓐ 如果她当时被表姐打得很严重的话，就会在心里留下很深的伤痕，所以每当看到同龄的小朋友就会非常紧张。与此相反，因为她觉得那些比自己年龄大很多的人不会打自己，会保护自己，所以就愿意跟那些比自己大很多的人玩。如果经常被那些比自己力量大的小朋友欺负的话，宝宝就会产生畏缩心理，所以家人必须要学会在小朋友之间进行调节。

Ⓠ 我的宝宝每天都会被邻居家的宝宝打

我女儿15个月，会进行"给我牛奶"等比较简单的意思表达。她最近跟邻居家30个月大的宝宝比较亲近，那个宝宝总是会推、打、按压我女儿。但是我女儿看不到她的时候还是会喊"姐姐"，很想跟她一起玩。我好奇的是经常跟比较暴力的宝宝在一起玩的话，我的女儿会不会也变得比较暴力。是不是以后不能跟邻居家的宝宝一起玩了呢？看到女儿总是挨打，我非常心疼。

Ⓐ 当看不见邻居家的姐姐的时候就想去找她玩的话，很有可能是因为除了那个打她的姐姐之外没有跟她玩的同龄人，最好是尽量不要让宝宝去见经常打她的那个小朋友。让她经常跟不会打她的那些小朋友玩。

是不是冬季出生的宝宝
发育会慢一些呢?

有一个年轻的妈妈带着自己 12 个月的宝宝来医院做检查。她说自己的宝宝走路的时候很奇怪,两条腿使劲岔开,胳膊也不会贴着两肋,走动也很缓慢。那个妈妈说,她曾经跟丈夫一起出差,宝宝也是从出生到 6 个月大的时候一直待国外。但是由于在国外比较寒冷,所以宝宝躺着的时候必须要穿得厚厚的。不知道是不是因为这个原因,宝宝无法随意移动身体,看上去好像很不舒服,于是迫不得已带着宝宝提前回国了。回国后宝宝渐渐地开始会爬了,从 12 个月的时候就开始会走了。

一般情况下,如果宝宝 4 个月开始翻身或是 7 ~ 8 个月开始爬动的时候,又或者是 10 ~ 12 个月开始走路的时候正好赶上冬天的话,他们的运动发育就会比一般的宝宝要缓慢一些。可能就是因为厚重的衣服阻碍了宝宝肢体的自由活动。但是这并不会对孩子的发育产生很大的影响，所以完全不需要担心。

在韩国有一种思想，那就是大部分人都认为如果宝宝在周岁宴的时候可以向人们展示走路的模样，父母和爷爷奶奶就会很有面子。到了周岁的时候仍然还不会走路的宝宝会给人一种笨笨的感觉，走得很好的孩子就会给人一种聪明的感觉。虽然运动发育状况与智力发育并没有绝对的联系，但是却可以给宝宝提供自信。

宝宝的自信可以提升宝宝的情绪指数（EQ），因为 EQ 高的宝宝可以积极地去解决问题，长大之后解决困难的能力就会渐渐增强。不管是什么样的理由，从父母的立场来考虑，宝宝在刚满周岁的时候就会走路的话，心情当然会很好。如果宝宝已经满周岁了却还不会走路，父母就会非常着急。

偶尔会有一些妈妈向我反映自己的宝宝向后撅着屁股走，或者是举着手走路，或者是岔开腿走路，就像是走八字步一样。但是原本趴在地上爬行的宝宝有一天突然站立起来，开始用两条腿走路的话，是很难从一开始就掌握好重心的。简单地说，就和我们在冰上走路的感觉是一样的。每走一步都觉得自己快要摔倒了一样，所以会不自觉地张开胳膊，然后弯曲膝盖半蹲下来，而屁股自然而然地就会向后撅。当身体无法保持平衡的时候，脚步自然而然会显得笨拙，但会随着身体找到平衡之后，宝宝走路的姿势会正常，所以不用担心。

大部分的妈妈在教宝宝走路的时候都会牵着宝宝的手。在地上爬来爬去的宝宝开始学习走路的时候经常会摔倒，并不是因为宝宝没力气，而是因为他们的胯骨还没有完全发育完善。臀部的胯骨一直延伸到双腿，所以如果胯骨和双腿相连部位的关节发育不完善的话，宝宝就会向前摔倒或是蹲坐在地上。因此，如果用手扶着宝宝的胯骨，宝宝的身体就会更容易保持平衡了。

在宝宝周岁宴的时候，宝宝一直在地上爬来爬去，不管你怎么去拉他的手，他还是会摔倒。这个时候应该扶着宝宝的胯骨把他的身体固定住，那么宝宝的身体就会保持平衡，在众多客人的关注中抓着妈妈的手走几步。想象一下宝宝抓着妈妈的手走路的模样吧，父母会因为宝宝的一个小进步而非常高兴。

走路不稳的宝宝，
不爱走路的宝宝

　　有一个妈妈带着自己 14 个月的宝宝来做检查。宝宝从 10 个月的时候开始就能够扶着东西站起来了，但是到了现在却还不会走，所以妈妈很担心。在做认知发育检查的时候宝宝表现出了非常强的集中力，但是在玩往桶里放豆子的游戏或拼图游戏等需要按照自己的意愿来控制的游戏时，宝宝就会把玩具都扔到一边，然后大发脾气。这也就是说，宝宝虽然有着非常强的集中力，但是韧劲却有些不足。认知发育结果显示宝宝属于正常范围中的高水平。

　　在进行运动发育检查的时候，宝宝非常迅速地在检查室里爬来爬去，宝宝的奶奶说宝宝平时经常会爬到饭桌上，而且还经常会自己一个人站起来配合着音乐跳舞，但是却不会自己主动走路。当他尝试着走路的时候，就会因为太着急而摔倒在地。

根据宝宝妈妈和奶奶的说法来看，这个孩子并不是不会走路，而是不爱走路。不爱走路的宝宝的特征就是认知发育属于正常水平，爬行的速度非常快，性格非常着急。由于性格非常着急，所以与其慢慢地走着去目的地不如快速地爬过去，所以不会轻易走动。

我把检查结果告诉他们之后，原本以为宝宝是因为笨而不会走路的妈妈好像有些放心了。虽然具备了能够让身体快速移动的能力，但是由于性格太着急而不想走路的宝宝到了 16 个月的时候，就会产生韧劲，也渐渐掌握了平衡，慢慢地就会学着走路了。

有趣的是，照看宝宝的奶奶也是一个性子很急的人。在认知发育的检查中，有一项是让宝宝从塑料盒子里把兔子玩具拿出来。一般情况下，14 个月的宝宝不可能很快就拿出来，会先透过玻璃观察里面的娃娃 20 秒钟，思考一会儿之后发现了小洞才把手伸进去。但是在一边看着的奶奶连宝宝自己思考如何行动这很短暂的时间都无法等待，想要直接把自己的大手伸进去拿出娃娃。

有一些妈妈会问，如果宝宝因为性格很急而不爱走路的话，怎样做才会让他们主动走路。针对那些喜欢爬动而不喜欢走路的宝宝，在家的时候也可以给他穿上运动鞋，那样就可以让他感到爬行很不方便。但晚一些学会走路并不是什么大问题，所以可以让孩子尽情地爬行。没有必要让宝宝早两个月学会走路。

正确的察言观色
能够提高宝宝的 EQ

　　一位非常年轻时尚的妈妈带着自己 12 个月的女儿来做发育检查。所有的检查一般都是从对宝宝来说比较简单的项目开始。首先是给宝宝拿出一个可以在小洞里插木棍的玩具，每当宝宝在 6 个小洞里插上木棍的时候，妈妈都会拍着手称赞宝宝。但是宝宝对妈妈的称赞没有任何反应，而是不停地往小洞里插木棍。一般情况下，如果宝宝完成了非常简单的任务就会受到称赞的话，渐渐地就会无视那份称赞。

　　接下来就是利用圆形和方形的拼图块来拼图的游戏。宝宝的妈妈再次一边鼓掌一边大声地对宝宝进行了称赞，宝宝甚至都不看一眼为自己鼓掌的妈妈，也不看一眼出题者，只是认真地解决问题。其中有一项测试是在检查过程中阻止宝宝行动，观察宝宝会做出什么样的反应。于是当宝宝想要去触摸玩具的时候，检查者故意大声地对她说："不许碰！"但是宝宝听了检查者的话之后并没有表露出任何紧张感。就算是检查者不停地对她说不行，她也依然就像没听到一样，随心所欲地去碰触玩具。

检查者又尝试着按住宝宝的肩膀，然后看着她的眼睛说了一遍"不许碰！"直到这个时候，宝宝才拿开了手，变得有些害怕了。妈妈看到检查者用拘束宝宝身体的行动来制止宝宝之后，露出了非常震惊的表情。相反，体格庞大的爸爸一直都面无表情，只是在一边静静地注视着这一切。

后来才知道，这个宝宝平时几乎没有听到别人跟她说"不许"这样的话。虽然她爸爸有时候会批评她，但是她妈妈认为批评宝宝会让宝宝变得畏缩，所以总是要求爸爸不要批评她。我正在忙着跟孩子的父母做咨询的时候，宝宝可能是觉得自己玩很无聊，所以开始翻检查室里的抽屉。检查者看到之后又大声地说"不行！"，宝宝听到之后抬起头看着检查者的脸，开始有点会察言观色了。当检查者用更加强硬的表情一直盯着孩子的眼睛的时候，宝宝悄悄地把手从抽屉上拿开了。妈妈看到孩子的这些行动之后非常惊讶，她是第一次亲眼确认 12 个月的宝宝也是可以听懂大人说的话这个事实。

宝宝在 3 岁之前是情绪形成的重要时期，所以很多妈妈都认为不能跟宝宝说类似于"不行"这样的话。而且宝宝的自尊心被家长看得越来越重要，所以家长都认为只有给孩子他想要的一切才能提高他的自尊。因此，导致现在的家长对宝宝大大小小的行动都进行称赞。

当然，宝宝是需要称赞的。但是只有在宝宝完成了很困难的任务之后才能进行称赞，这样宝宝才能意识到对方的存在，才会通过对方的反应树立起健康正确的自尊。当宝宝做了让父母不高兴的事情的时候，父母必须要通过声调和面部表情的变化来告诉宝宝这是不应该做的。当然，不能用打宝宝来表达自己的意思。

有研究结果显示，为了提高宝宝的自尊心而无条件进行称赞的育儿方法，不仅会导致宝宝无法具备区别好坏的能力，而且很有可能会变成无法接受别人适当的批判、容易气馁、懦弱的人，反而会降低宝宝的自尊心。

如果宝宝没有犯什么大错就进行严厉批评，或者是宝宝明明很努力去做了却还是进行指责的话，宝宝很容易就会气馁。例如，宝宝在努力地画妈妈的脸的时候，如果大声说"呀！你妈妈我是猪吗？"这样的话，宝宝就会感到气馁。但是如果父母能够明确地告诉宝宝有些行为是不对的，宝宝就会对父母表示出来的意见形成一种正确健康的自信。这样健康的自信是所有人际关系中都需要的。

大家都认为 EQ 高的宝宝很会察言观色，因为 EQ 的特性之一就是可以读懂对方内心的能力。人类为了在一起能够和谐的相处就必须要学会察言观色。换句话说，就必须要站在对方的立场上去思考，懂得关怀别人。当宝宝出生 7 ~ 8 个月之后，运动神经就会开始发达，父母就必须要对宝宝的行动表示出明确的意见才行。当宝宝完成了很困难的事情之后要进行称赞，当做了不应该做的事情之后要明确地告诉宝宝这样做是不行的，只有这样才能把宝宝培养成一个很快就能适应社会的有自信心的人。

"运动能力提高之后更淘气了！"

宝宝开始会走路之后，妈妈就会变得越来越累了，因为宝宝越来越淘气了。宝宝的运动神经越发达，就会越顽皮。父母要仔细观察宝宝的行动能力和语言理解能力，分析宝宝具备什么样的发育特性。

Chapter
05

17～24个月
宝宝发育状况

● 主要发育的部位 ●

运动能力、语言能力、感情调节能力

• 测试宝宝的运动能力
• 确认宝宝是否能够自己大小便
• 测试宝宝的语言理解能力
• 了解宝宝淘气的程度

"运动能力提高
之后更淘气了！"

出生17个月之后，大部分的宝宝一个人就能够走得很好了。有一些宝宝跑跳的姿势都已经非常正确了，但是也有一些宝宝走路的时候一直很蹒跚，还有一些宝宝遇到类似门槛等障碍物的时候还是会摔倒。宝宝的移动是否平稳、是否具备瞬间爆发力、是否具备速度等这些特性，就叫作运动能力（Movement Quality）。

运动能力指的就是幼儿园里经常做的如运动游戏、身体游戏、折纸游戏、画图游戏、串珠游戏等一些需要高技能的游戏所需要的能力。运动能力低下的话，就很难适应陌生的环境，可能很晚才学会说话，大小

便分辨能力也会较低。

　　这个时期的宝宝可以进行一些简单的拼图游戏，因为拼图游戏与手部运动相关，所以那些手部运动比较生疏的宝宝可能无法好好玩拼图游戏。对于这些宝宝来说，只有给他们提供一些比较好拿的拼图，他们才不会对拼图游戏失去兴趣。

　　17 个月之后宝宝的语言理解能力开始迅速发育。在这个时期即使宝宝不会说话也没有关系。但是父母必须要仔细观察宝宝的语言理解能力。因为有的宝宝学说话比较晚，所以语言理解能力与智商并没有很大的直接关联，但是因为二者还是存在一定的关联，所以父母不能只看宝宝是不是能够很好地说话，而是应该关注一下孩子是不是能够很好地理解别人的话。

　　宝宝学会走路之后，妈妈就会越来越辛苦，因为宝宝的运动能力会越来越好，也会越来越淘气。并不是说父母多与宝宝进行肢体接触，多亲近，宝宝就会变得善良乖巧。这个时期宝宝表现出来的淘气大部分都是天生的原因。父母需要仔细观察宝宝的行动能力和语言理解能力、是否顽皮等，努力地分析宝宝具备什么样的发育特性。

宝宝的大肌肉运动

走路、上台阶、原地跳动

宝宝刚学会走路的时候，姿势并不是那么正确。两脚之间的距离会非常大，而且两只胳膊也会离胸部很远。但是随着走得越来越稳，两脚之间的距离就越来越小，两只胳膊也越来越靠近胸部，渐渐地就会形成正确的走路姿势。

宝宝上台阶的时候呈现出来的正确姿势指的是后背要伸直，屁股不能向后撅。与此相反，屁股向后撅、上体向前倾并且张开双臂的姿势就不正确的姿势。

20个月之后，宝宝就开始原地跳动了。开始的时候只会弯膝盖，脚并不会离开地面。但是随着发育的完善，宝宝的双脚就开始离地了，可能刚开始只是很低的高度，但是也可以原地跳动了。

宝宝会走路之后，父母一般都会形成一种误解，认为宝宝在宽阔的空间里闹哄哄地跳来跳去就是运动能力很好的一种表现。但是17个月之后，父母就要仔细观察宝宝的运动能力了。通过爬台阶、原地跳、单只脚站立、踢球等各种各样的身体活动游戏，仔细观察孩子的运动能力到底达到了什么样的程度。

如果宝宝的运动能力比较落后的话，首先就必须要强化腿部的肌肉力量。肌肉力量得到强化，原本并不正确的姿势就会渐渐变得正确。这个时候也需要父母的努力，让宝宝通过走路、爬台阶、走斜坡等运动来强化腿部的肌肉力量。

大肌肉运动能力测试

▶ 24个月15天 ◀

❶观察一下宝宝到最后一个台阶的时候能不能两只脚并拢着跳下来。

❷观察一下宝宝能不能自己一个
人上台阶。这个时候要确认一
下宝宝的姿势是否正确。

▲ 正确的姿势

▲ 不正确的姿势

❸观察一下宝宝能不能用一只
　脚踢球。这个时候要确认一
　下宝宝能否用一只脚支撑自
　己的身体。

❹观察一下宝宝能否用一只脚站立2秒钟。用一只脚站立的时候一定不
能让身体歪向一边，一定要呈一字形站稳。

★ 如果大块肌肉与运动发育落后，只要让宝宝在家里经常做一做下面介绍的发育
游戏就可以了。

大肌肉运动能力发育游戏

❶与宝宝一起玩蹦床游戏可以培养宝宝的运动能力。

❷握着宝宝的手一起上台阶，增强宝宝的腿部肌肉力量，而且对宝宝运动能力的提升也会起到一定的帮助作用。

❸跟宝宝一起走斜坡可以让宝宝腿部的肌肉力量得到提升，对宝宝的运动能力的提升也会有一定的帮助。

宝宝的小肌肉运动

可以自己大小便

宝宝学会走路之后，手部运动也会有很大的进步。他们可以把硬币塞进小猪储蓄罐里，也可以拿着铅笔画一些横线和竖线。到了24个月的时候，就可以画圆了。虽然也可以玩圆形、四边形拼图游戏，但是由于手部运动还不是非常熟练，所以如果拼图的厚度跟纸张一样的话，宝宝玩起来就会很困难。

随着宝宝嘴角的小块肌肉越来越发达，发音也越来越好，渐渐地就会说一些简单的单词。但是如果运动能力低下的话，当宝宝集中精力做游戏的时候，就会流口水，而且发音可能也不会很准确。在这个时期会不会说话与嘴边肌肉的运动有关，所以运动能力低下的话，可能很晚才学会说话。

这个时期运动能力低下的主要特征就是很晚才能自己大小便。为了控制大小便，就需要能够在适当的时候收紧肛门或是放松肛门，这样才能憋着小便或是放松之后排出小便。

但是如果宝宝小肌肉运动能力低下，就无法随心所欲地调节大小便。比如，虽然原本是想小便，但是当脱下裤子之后，因为屁股接触了冷空气，突然间肌肉就不能进行调节了；当坐在坐便器上的时候，屁股皮肤感受到的冰冷刺激也是妨碍大便的一个主要原因。

就像是宝宝拿着水彩笔想画圆圈的时候却只能胡乱涂鸦一样，想要自己控制大小便，如果做不到，宝宝心里就会感受到挫折和非常严重的不安。

因此，如果发现宝宝很难自己控制大小便，就要观察一下宝宝在控制铅笔及发音方面是不是存在困难。而且一定要记住，绝对不能强迫宝宝，就算是宝宝的运动能力稍微有些低下，随着年龄的增长也会自然而然地成熟起来。宝宝比同龄人发育晚半年或是一年也不要着急，只要给宝宝足够的时间就可以了。

小肌肉运动能力发育游戏

❶ 与宝宝一起玩向小猪储蓄罐里放硬币的游戏。如果宝宝的手部运动还不成熟，就选择一个洞口比较大的储蓄罐。如果宝宝能很熟练地往储蓄罐里放硬币，再换成洞口比较小的储蓄罐就可以了。

❷与宝宝一起用水彩笔画画。如果宝宝的手部运动发育不存在任何困难，就说明宝宝的臂力很厉害。如果宝宝臂力比较弱，在绘画方面有困难，绝对不要强迫宝宝。与其一味强迫宝宝涂鸦，不如爸爸妈妈先画一些横线、竖线、圆圈等，让宝宝跟着学。

❸让宝宝多玩一玩吹笛子或吹泡泡的游戏，因为这些游戏可以帮助宝宝嘴巴周围肌肉发育。

宝宝的语言发育状况

不要强迫宝宝说话

从17个月的时候开始，宝宝的语言理解能力就会快速提升。但是宝宝渐渐地开始学说"妈妈"、"爸爸"等简单话语的时候，很多父母只会注意到宝宝到底说得多么好，而不是语言理解能力发育得有多好。这个时期的语言发育不能集中在语言表现力上，而应该集中在语言理解能力上。

当然，那些存在发声障碍的宝宝是无法发出声音的，所以就有必要用是否能够说话作为了解宝宝是否存在发声障碍的一种方法。但是宝宝的大脑发育和这个时期的说话能力关系并不是很密切。

可以理解妈妈话的宝宝，听到妈妈提出的问题之后，会通过面部表情和身体动作来表达自己的意思。虽然只能说"啊、呃"等，但是妈妈完全可以通过宝宝的肢体动作来明白他想说的话。因此，为了与那些还不会说话的宝宝进行交流，就必须学会用内心去理解宝宝的肢体动作和面部表情。

如果宝宝用手指着冰箱说"啊、呃"，或者是拉着妈妈的手向冰箱走过去，妈妈可以用"啊，想让我帮你从冰箱里拿吃的东西啊？"这样的方式，来替宝宝说出他想说的话。如果宝宝明明用脸部表情和肢体动作表达了自己的意思，但是妈妈却说"你到底想要什么啊？说话。"宝宝就会因为妈妈不理解自己的意思而受伤，有可能生气、发火。

对于现在还不会用话语来表达自己意思的宝宝米说，父母一定不要强迫宝宝。宝宝与成人在进行沟通交流的时候，70%都是通过脸部表情和肢体动作来表达的。对于必须要用话语来进行思想交流的老套想法，父母可以丢掉了，转而努力地去理解宝宝想要通过肢体动作表达的内容。

在这个时期必须要确认宝宝是否能够听懂妈妈的简单要求，是否能够说出自己喜欢的事物的名字，能否记住家人的名称，能否知道身体部位的名称，能否理解一样物品是属于妈妈还是属于爸爸等。

宝宝发育检查

语言理解能力检查

❶17个月零15天

向宝宝问一些"妈妈的鼻子在哪里"、"爸爸的耳朵在哪里"这样的与身体部位有关的问题，然后观察宝宝的反应。

❷22个月零15天

经常问宝宝一些类似于"这里有一架飞机，飞机的翅膀在哪里呢"、
"这里有一辆汽车，车轮子在哪里呢"、"这里有一个杯子，杯子的把
手在哪里呢"这样的问题，观察一下宝宝是否知道那些已经熟悉了的事
物的详细名称。

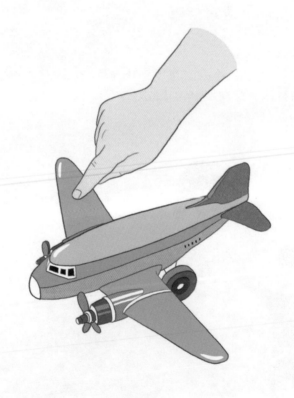

❸24个月零15天

把一些相同的图画贴在两面墙壁上，问一问"与这个图画一样的图画在哪里呢"，观察一下宝宝是否已经理解了"相同"的意义。但是不能用"这里有个苹果，用手指一指那边的苹果在哪里"这样的方式来询问。

宝宝发育游戏

语言发育游戏

❶ 把下面这些事物的各部分名称告诉宝宝。

鞋子：鞋带
汽车：车轮、窗户
饭桌：饭桌腿
椅子：椅子腿
冰箱：冰箱门
小狗：小狗的尾巴

❷ 告诉宝宝物品都是属于谁，让孩子明白所有者的概念。

妈妈的裤子，爸爸的裤子，妈妈的衬衫，孩子的衣服等

❸ 把两个苹果放在一起，告诉宝宝这是相同的东西；把梨和香蕉放在一起，告诉宝宝这是不同的东西。让宝宝通过这种方式来了解"相同"和"不同"这两个概念。

❹ 分别放一个装有很多饼干的盘子和装有很少饼干的盘子，跟宝宝说"哇，这里有好多饼干"，"这里的饼干很少"和"把饼干多的盘子拿给爸爸！"这些话，让宝宝了解"多"和"少"的概念。

宝宝的感情调节能力

宝宝渐渐变得更淘气

从 17 个月的时候开始看管淘气的宝宝，必须在考虑宝宝发育特性的前提下选择适当的方法。17 ~ 24 个月的时候，宝宝的语言理解能力就会得到提升，能够准确掌握日常生活中妈妈反复说的一些话语的意义和意图。

在这段时期，宝宝也会移动自己的身体，让自己适应新的环境，运动能力会渐渐提高，体重也会渐渐增加。宝宝就会明白妈妈已经很难控制自己的身体了。所以就算是很清楚妈妈的意图，也会为了实现自己的目的而大哭着倒在地上，或者把头顶在地上，甚至通过乱扔物品等行为来进行反抗。

当然，根据宝宝天生的潜力不同，也会有一些能够听懂父母说的话，很好地跟随父母指示的宝宝。到了这个时期，所有的父母都希望自己的宝宝能够听懂自己说的话并且成为听话的宝宝，但是实际上却很难实现。

宝宝如果显示出听话的举动，或者是显示出很淘气的举动等，与天生的潜力和家人的养育态度都有关系。当然，每个专家对于宝宝与生俱来的潜力和养育环境的影响概率有不同的意见。但是可以确定的是，只要不是严重的虐待或放任不管、过度保护等养育环境的话，对于大部分的宝宝来说，与生俱来的潜力会产生 50% 以上的影响。

宝宝淘气的时候，父母就会生气，有时候会发火，也有时候会感到很烦躁。父母就算是露出严厉的态度，或者是想要控制宝宝的身体，但是由于宝宝已经长大了，就会非常用力地扭动自己的身体，于是父母就会不自觉地提高声调，用更大力气抓着宝宝的手，这时宝宝就会感觉到疼痛。如果是运动能力比较好的宝宝，他觉得父母把自己弄疼了，并不会害怕，反而会更加用力地扭动自己的身体。

与生俱来的潜力可以理解为脑的感知领域和感情、理性领域之间的神经综合能力。因此，在宝宝满3岁之前，过度保护和严厉训诫会让宝宝的大脑综合能力低下，从而导致宝宝的感情调节能力不成熟。因此，如果宝宝是因为脑部发育不成熟而导致语言理解能力不足或是运动能力低下的话，父母过分紧张的态度会让宝宝感到更大压力，致使脑部综合能力萎缩，最终导致整体发育的迟缓。观察一下宝宝的语言理解能力和运动能力，如果发现了一丁点的迟钝现象，父母等抚养人首先要尽可能地克制自己过度保护的态度和过激的养育态度。

患有自闭性发育障碍、智力障碍，或者沟通障碍的宝宝，由于脑部发育不够成熟，会导致语言理解能力和运动能力出现严重的迟缓现象。就算是不存在先天

性发育障碍，如果出现语言理解能力和运动能力的一些迟缓迹象，宝宝可能会显得有些难缠或是喜欢要赖，所以当宝宝有上述表现的时候，在选择训诫方法之前，必须要仔细观察宝宝的语言理解能力和运动能力。

为了预防宝宝要赖的情况，必须要给宝宝的行动确定一定的范围。当宝宝产生矛盾的感情时，并不清楚自己应该根据什么样的感情做出什么样的行动，所以非常期待大人可以给自己做决定。因此，使宝宝了解允许的行动范围会对宝宝的情感发育起到帮助作用。就算是17个月的宝宝，幼儿园也会为他们制定一定的日程，有一定的日程和一起行动的同龄人，宝宝就很容易知道别人期待自己做什么行动，从而很容易配合。因此，宝宝慢慢地就会减少要赖、淘气的次数。如果宝宝在幼儿园里也经常要赖、撒娇，就需要带宝宝做专业的发育检查了。

❶首先把父母期望的行动讲给宝宝听。

例："要用筷子和勺子吃饭"、"明天要去幼儿园"。

❷同时教给宝宝什么是"可以"，什么是"不可以"。

虽然宝宝到了17～24个月的时候可以听懂别人的话了，但是并不能对原因和结果有一个非常确切的理解，而且在一个让他感受到不安的环境里，他根本就听不进父母的讲解。因此，对宝宝做很冗长的讲解是没有任何作用的。简单地说"不行"之后，再对宝宝说"对不起"就可以了。这里所说的"对不起"并不是因为不让宝宝做他想做的事而道歉，而是因为自己是迫不得已不让宝宝做他想做的事而感到遗憾。也可以控制住宝宝的身体不让他移动之后反复不停地说"不行，对不起"。可以根据情况的特殊性控制宝宝的身体40分钟以上。

❸抱着宝宝的身体移动。

与其训斥拍打宝宝，不如抱着宝宝的身体移动到另外的地方，这样就不会对宝宝产生太大的伤害。但是由于这个时期宝宝已经很重了，而且可以剧烈地扭动自己的身体，所以就要求父母有很好的体力。

❹改变宝宝身边的环境。

当发生可能会让宝宝感受到不安的状况时，可以通过给宝宝零食或是走到外面去的方法来哄宝宝。因为宝宝剧烈地扭动身体的行动并不是故意的，而是在不自觉的情况下表示出来的一种条件性行动，所以可以通过转移宝宝的注意力来让宝宝停止这种条件性行动。

❺父母要装作没有看见宝宝淘气耍赖的行动。

首先告诉宝宝不行，然后再道歉。如果宝宝依然很执拗的话，可以离宝宝远一点，去洗碗或是晾衣服等。尤其是宝宝把头顶在地上或是故意呕吐、装作上气不接下气的时候，父母可以装作自己很忙碌，到其他的地方去，这个时候大部分的宝宝都会停止各种耍赖的行动，因为如果可以满足自己要求的抚养人不在身边的话，他也就没有耍赖的理由了。当宝宝耍赖的时候，如果妈妈显得毫不关心，宝宝就会慢慢地减少耍赖的次数。也就是说，对宝宝所有的行动都表示关心并不是宝宝必需的一种养育环境。有些情况下宝宝无法感受到关注，情绪调节能力反而会渐渐好转。当宝宝做了一些正确的行动时要积极地表示出关心，当宝宝耍赖的时候装作没看见，让宝宝明白父母所期待的是什么样的行动。无数的亲子电视节目都让人们形成了一种认识，认为对宝宝的行动发育起到最大影响的因素就是妈妈。这就产生了一种现象，当宝宝在超市里大哭大闹的时候，周围的人们会认为是宝宝的父母没有教育好。17～24个月的宝宝出现的耍赖撒娇等行为，很大程度上是受到了宝宝与生俱来的本能影响。因此，希望那些批评父母没有教育好宝宝的看法可以慢慢消失。

感情调节检查

❶利用下面的表格，观察一下宝宝耍赖程度已经达到哪一个阶段了。

	症状
5 阶段	憋气5～10秒钟。 （大约从18个月开始，一直到5岁左右消失。）
4 阶段	呕吐或是故意按着舌头让自己呕吐。
3 阶段	摇晃脑袋或是抓着脑袋往地上撞。
2 阶段	身体向后仰，躺在地上，或者在地上打滚。
1 阶段	哭得很厉害或特别烦躁。

❷观察一下宝宝到底是因为发育迟缓而要赖还是与此无关的要赖。如果并不是因为语言理解能力和运动能力发育迟缓，当父母选择严厉的训育方法时，宝宝就会畏缩，可能会增加要赖的次数，或者与父母之间的交流变得更困难。

● **观察一下语言理解能力是否属于正常范围。**

▶17个月零15天◀

•必须要知道自己喜欢的所有事物的名称。

•必须能够认识身体部位（鼻子、嘴巴、耳朵、眼睛等）。

•必须能够完成简单的要求（"去把尿布拿来"等）。

● **观察一下运动能力发育是否迟缓。**

•观察一下走路的动作和跳动的动作是否正常。

•观察一下在涂鸦的时候笔力是强还是弱。

•观察一下能不能扔球和踢球。

•抓着宝宝的手下台阶的时候，观察一下是不是比同龄的宝宝更害怕。

运动能力

Q 宝宝总是撞到头，真的很让人担心。

我儿子17个月。他经常会在跑着或是向高处攀爬的时候摔倒，所以经常会撞到头，有时候还会撞得很严重。但是他只是哭几声就不哭了，当然时候也有会大哭大闹。他每天会撞到头2~3次，更小的时候撞到头的次数更多。还曾经从床上掉下来。经常这样撞头的话，脑袋会不会变笨呢？

A 大部分的宝宝在学会掌握重心之前，走路、跑跳的时候都会摔倒很多次。撞到头部的时候，如果有严重损伤，就会出现一些脑损伤的症状，比如呕吐或是昏迷等。虽然经常摔倒，但是并没有出现呕吐或是昏迷等症状，就应该是没有造成脑损伤。

Q 宝宝总是摔倒。

我儿子23个月。他在13个月的时候就会走路了，但是现在带他出去的时候还是会摔倒。虽然儿科医生说跑跳的时候摔倒没问题，但是因为他经常摔倒，我还是很担心。去游乐园的时候，因为觉得他要多练习才会走得更好一些，所以就让他自己走，但还是经常摔倒。为什么会这样呢？

A 这是因为宝宝走路的时候所有的重量都集中到了脚尖上，这种情况下很难掌握平衡，身体就会处于一种很难调节速度的状态，所以就会以很快的速度行走。而宝宝由于运动能力低下，所以才会在走路的时候经常摔倒。这种情况下，最好是给宝宝穿上硬一些的运动鞋，抓着宝宝的手跟他一起练习上下台阶。也可以带宝宝去海边那样软绵绵的地方练习一下慢慢行走。

Q 宝宝已经18个月了，如果还不会走路，会不会存在发育障碍呢？

我儿子18个月，体重9千克多一点儿，比同龄的孩子稍微轻一些。由于很挑食，所以经常不好好吃饭。12个月的时候在医院做过简单的发育检查，医生说整体来看要比同龄的孩子发育晚5个月，但是肌肉和其他方面的发育并不存在问题，如果想了解更详细的内容，就需要做MRI才能知道。宝宝总是表现出如下症状，如果是发育障碍的话，应该进行什么治疗呢？

① 到现在还不会独自走路。从翻身开始，所有过程完成得都比较晚。现在好不容易可以一个人坐着，别人拉着他站起来时，可以简单地走几步。站着或是抓着他走路的时候，他总是踮着脚。

② 一整天都在叫喊，好像是在说"妈妈"、"妈妈"。

③ 用杯子给他喝水的话，就会全身使劲，手不停地颤抖。

④ 叫他的名字需要叫两三遍才会转过头看你一眼。

⑤ 喜欢人们向他靠近，也很喜欢跟人们玩，很喜欢找爷爷奶奶，基本不认生，但是绝对不会跟妈妈分开。

⑥ 到15个月的时候还很难哄睡，就算是在冬天，也要在屋里转两圈之后才能睡着。

⑦ 如果看到很多物品，一定会用手都弄乱了。

⑧ 喜欢跟人对视，喜欢笑。

⑨ 用一只手的拇指和食指轻轻地抓着物品，另一只手也跟着使劲。

Ⓐ 看上去，现在的发育程度只有12个月的水平。在做了发育评价和头围评价之后再去做MRI也不晚。MRI只能确认发育迟缓原因的30%，所以在检查发育迟缓情况的时候，并不需要每次都做MRI检查。为了配合12个月宝宝的发育水平，可以告诉他一些简单的事物名称。另外，我还怀疑是因为认知发育迟缓引起了运动发育迟缓。虽然不一定需要治疗，但是最好还是向医生咨询一下。

Ⓠ 发育优良的宝宝会影响走路吗?

我的宝宝刚满17个月，体重是18千克，身高100厘米左右，可以说是一个发育优良的宝宝。出生的时候也比一般的宝宝大一些，平时饭量很大。不知道是不是因为这个原因，现在还不会走路。11个月左右的时候开始爬行，在爬行之前先学会了坐着。15个月的时候可以扶着东西走路，抓着大人的手也可以走几步，或者自己趴在地上用膝盖爬行。现在可以一个人站着，抓着别人的手也可以走了，偶尔称赞几句并向他招手的话，他也会自己走三四步，最多走七步吧。"妈妈"、"爸爸"、"背"等简单的话都能听懂了。应该怎么办呢？

Ⓐ 如果说可以自己一个人走3～7步，而且能够听懂大人说话，因为认知发育落后而导致不会走路的可能性不大，因此并不一定要接受治疗。希望父母可以让孩子经常练习自己走路。

Ⓠ 我的宝宝做过心脏手术，现在依然不会走路

我的宝宝再过几天就满18个月了，但是现在还不会走路。虽然听说有些宝宝很晚才学会走路，但是我觉得好像太晚了。虽然宝宝可以自己站起来，抓着别人的手也可以走几步，但是最终还是会一屁股坐在地上。宝宝刚出生的时候做过心脏手术，难道是因为这个原因才不会走路的吗？我想带他去医院做检查，到底应该做什么检查呢？

Ⓐ 如果宝宝做过心脏手术，有可能体力较差，而且还会出现呼吸困难的问题，所以可能会对走路产生一定的影响。如果说宝宝抓着别人的手可以走几步，就说明不是运动神经存在问题，很有可能是体力和腿部肌肉力量不足。如果想带宝宝做检查，可以去当时做心脏手术的医院，找医生进行咨询。因为宝宝经历过一次心脏手术，所以希望父母可以给宝宝慢慢发育的时间。

Q 21个月的男孩，经常得一些小病，现在还不会走路

可能因为是我们的第一个宝宝，所以经常得一些小病，我们需要经常带他去医院，而且每隔一两个月就要吃一次药。现在只会说"妈妈"、"爸爸"、"书"等简单的话。虽然扶着东西可以一个人站着，但是依然不会一个人走路。就算是抓着他的手让他走路，他最多走三四步就一屁股坐在地上，而且非常怕生。虽然不挑食，胃口也很好，但是看上去并不怎么长个儿，这也让我们很担心。15个月的时候曾经去大学医院抽血做过检查，检查结果显示没有问题，后来医生建议我们做一些染色体检查。我们一直到现在也没有带他去做染色体检查，一定要去吗？

A 可以了解儿童脑部发育状态的发育评价并不能通过血液检查诊断出来。宝宝所需要的并不是染色体检查，而是可以了解现在的发育水平的发育评价，做了发育评价之后就可以了解发育落后的原因到底是染色体问题还是其他的疾病了。如果宝宝经常得病的话，腿部肌肉的力量应该也不足。通过发育评价了解一下宝宝的认知发育到几个月的水平，然后让宝宝做一些符合发育水平的游戏。

Q 20个月的不会律动

宝宝的运动发育比较晚，在医院里得到了发育落后的诊断之后接受了治疗，到了15个月的时候好不容易学会了走路。他满周岁开始我们就非常关心他的认知发育，所以经常给他读一些图书，而且还会跟他玩一些游戏。但是到了20个月的时候他依然不会跟着节奏动来动去。跟他年纪相差一个月的侄子不管学什么都很快，所以总是被做比较。现在宝宝会说一些类似于"妈妈"、

"奶奶"、"爷爷"、"狗狗"、"猫猫"、"没有"、"牛奶"等简单的词语了。在语言发育方面我们不太担心，最担心的还是运动发育方面，我的宝宝好像真的运动发育迟缓。

Ⓐ 运动发育迟缓的宝宝在跟着节奏运动方面发育也很缓慢。虽然只要宝宝学会了走路就不用担心运动发育迟缓，然而对于那些很晚才学会走路的宝宝来说，在其他方面的运动能力还是会存在一定的问题。但是预测宝宝的发育水平需要确认的并不是运动发育水平，而是语言理解能力，所以请先确认一下宝宝的语言理解能力是否已经到了20个月的水平。20个月的宝宝应该能够记住身边简单事物的名称，而且还应该理解一些简单的小事。除此之外，还应该记住身体部位的名称，最好明白妈妈的鼻子和爸爸的鼻子之间的差异。虽然把自己的宝宝与侄子作比较会有些伤心，但是重要的是现在自己宝宝的发育状况会不会在长大成人之后成为让人头疼的问题。对未来宝宝独立解决问题的能力起到决定性影响的因素并不是运动发育水平，而是语言理解能力。

Ⓠ 因为宝宝患有四肢僵硬症状而担心

我的宝宝刚满20个月。由于四肢僵硬问题非常严重，所以不仅吃过药物，而且也认真接受了很多治疗，但是我觉得宝宝现在控制自己颈部肌肉的能力和10个月的时候没有太大的差异。因为宝宝的手一直非常僵直，所以根本就没有办法抓取物品。宝宝还不会说话，但是已经可以明白"爸爸"、"妈妈"、"注射"、"讨厌"、"牛奶"等简单的单词了，而且还非常喜欢漫画。虽然坚持不懈地做了几个月的运动和翻身练习，但是宝宝依然只能呈大字状躺着，而且根本就没有要移动的想法。我们应该怎么做呢？

Ⓐ 听上去好像是四肢僵硬的脑瘫儿一样。运动发育问题可以请求医生的帮助，宝宝的语言理解能力应该属于正常范围。父母在家里可以努力地教宝宝记忆事物的名称，同时借助药物和康复运动来解决运动发育的问题，此外应该经常在家里做一些可以提升宝宝语言能力的游戏。

Ⓠ 我很想了解20个月的宝宝的运动发育状况

虽然我的宝宝已经20个月了，但是依然不会原地跳动。宝宝很想学着原地跳动，从几个月前就开始从滑梯上往下看，然后跃跃欲试地滑下来。为什么玩滑梯的时候不害怕，但是却不会原地跳动呢？除此之外，宝宝也学会上下台阶了。所以我很好奇20个月的宝宝的运动发育到底能够达到一种什么样的水平。

Ⓐ 您的宝宝好像是学会走路之后，在运动发育方面出现了一些问题。我们可以再多给宝宝一些时间，等到24个月的时候再确认。首先可以让宝宝在原地做一些跳跃练习，也可以借助能够帮宝宝练习跳跃的游戏设施。宝宝在20个月的时候表现出来的扶着扶手上下台阶和跳跃的能力属于不同的发育领域，所以并不是说能够上下台阶就能跳跃。此外，可以让宝宝多玩一些原地跳跃的游戏。

Q 宝宝已经18个月了，但是却依然不想说话

我女儿就是不想说话，现在会说的话只有"妈妈"、"背背"、"站"、"爸"等几个单词。但是这并不是说她听不懂别人说话，别人指使她去做跑腿的活儿，她都能听懂。如果发现了自己想做的事情，就会主动过来抓着你的手带你去。她有一个五岁大的姐姐，只要看到小女儿手里拿着玩具或是图画书，就一定会过来抢走。我很想知道她到底是因为从大女儿那里感受到了不安而不愿意说话，还是因为她本身有问题而不会说话。

A 由于学会说话与基础运动有关，所以不会因为受到了大女儿的欺负而不会说话。如果说宝宝18个月的时候能够理解一些简单的事物名称，并能够根据大人的指使做一些小事情，就说明宝宝在语言理解方面发育是正常的。父母可以把事物的详细名称、人的身体部位、家人的称呼等告诉她，观察一下她的语言理解能力是否有所提升。宝宝就算是没有学会说话，也会用肢体语言来表达自己的想法，所以希望父母可以尽量理解宝宝的意思。

Q 学说话和自己大小便都比较晚

我的女儿已经20个月了，说话的时候不会超过两个单词，会说的单词也很少，就连"大便"、"小便"等单词也不会说。应该只是学说话比别人晚一些而已吧？我大哥家的宝宝也是很晚才学会说话的。虽然我觉得宝宝迟早都会学会说话，但还是担心可不可以这样任其自然发展。

Ⓐ 说话和大小便都与小肌肉的运动发育有关，所以很有可能一起延迟。如果已经20个月了，那么就应该知道家里大部分事物的名称了，所以家长应该把事物的详细名称告诉宝宝。如果宝宝能够用"大便"、"小便"等话语来表达自己的意思最好，但是宝宝也可以用面部表情和一些小的肢体动作来表达，所以希望家长可以认真观察宝宝各种细微的动作。

Ⓠ 宝宝22个月，只愿意看书，语言能力发育好像很缓慢

我的宝宝从10个月的时候就喜欢看书，总是缠着我给他读书，现在依然对其他的游戏没有任何兴趣，所以我觉得宝宝的语言能力好像发育非常缓慢。我听说多给宝宝读书有助于宝宝的语言发育，但是我的宝宝怎么会这样呢？难道是我的宝宝在发育上存在问题吗？

Ⓐ 在给宝宝读完图画书之后，不要只观察宝宝会不会说话，而应该看一看宝宝到底理解了多少。如果给宝宝读了很多图画书之后宝宝的语言理解能力依然发育缓慢，就说明宝宝很有可能没有理解妈妈的话，而是把注意力集中在了图画和颜色上面。并不是只要给宝宝读图画书就会让宝宝的语言理解能力有很大的提升，对于那些在语言理解能力方面先天存在问题的宝宝来说，虽然在妈妈读图画书的时候可以把单词和图画联系起来，但是却无法理解妈妈所说的句子意思。由于这个年龄段的宝宝所看的书都是一些图画书，所以需要父母认真观察一下宝宝主要是在观察图画和颜色的差异，还是在理解妈妈所读的内容的意思。

Q 宝宝还不会叫"妈妈"

我的女儿已经17个月了。我听说一般女孩子很早就能学会说话，但是我根本就没期望宝宝能那么早学会说话，只希望宝宝现在可以叫"妈妈"、"爸爸"。当然，宝宝偶尔也会叫一两声，但是次数真的很少，而且她叫"爸爸"要比"妈妈"更多一些，说得更好一些。我曾经想过是不是因为我没有给宝宝足够的学习教育，才导致了宝宝语言发育比较迟缓，现在也一直在努力改善这个问题，但是几乎没有看到什么效果。我给她读书、讲故事的时候，她总是心不在焉地做其他的事情，只有去早教中心听我讲故事时注意力才会非常集中。我觉得宝宝属于比较外向的性格，但是不管去哪里都听别人说她很文静。我们认为她可以听懂大人说的话，因为不管吩咐她做什么，基本都没有问题。虽然现在我们正在教她认识一些动物，但是她好像还记不住。她很擅长类似于拼图游戏等需要用到小肌肉的游戏，但是现在还分辨不出各种颜色。我觉得我的女儿是很正常的，是一个漂亮可爱的宝宝，但是为什么不会说话呢？我觉得可能是因为总是待在家里，让她没有机会跟同龄人玩才会这样，所以从这个月开始带她去早教中心了。

A 如果宝宝17个月的时候语言理解能力属于正常范围，而且在手部运动方面没有问题的话，不会说话这一项发育问题可以不用担心，只要把宝宝看作学说话比较晚就可以了。要真正确定宝宝是否存在语言方面的问题，起码要等她到了48个月的时候。因为这并不是发育问题，所以不要过于担心。

Q 女儿17个月，只能说一些单词

我属于语速比较快的人，而宝宝的爸爸则属于性格比较慢的类型。宝宝的爸爸到了2岁半才学会说话，而且平时话也比较少。我则与他相反，在还不满周岁的时候就已经会说话了，17个月时就可以说一些句子了。其实我本来一点也不担心宝宝的语言发育，但是我妈妈总是说宝宝学说话有些晚，所以她一直有些担心。现在我的女儿只会说一些单词，而且大部分单词用得也不太到位，而是有很多拟声词，发音也不准确。她几乎能听懂我们跟她说的所有的话，而且也认识了身体各个部位。难道现在就要对宝宝进行学习教育了吗？

A 如果说宝宝连身体部位都了解得很清楚的话，家长就完全不用担心了，没有必要为了让宝宝学好说话而进行专门辅导教育。但是图画书和专门教育可以提升宝宝的语言理解能力，所以可以适当地为宝宝读一些图画书。最重要的是宝宝上幼儿园的时期，幼儿园的经历可以为提升宝宝的语言理解能力提供至关重要的帮助。

Q 我的宝宝需要进行语言治疗吗？

我儿子23个月。他是我们家的长孙，也是我的第一个宝宝，所以我们特别关注他的成长发育问题。宝宝到现在还不会说话，虽然可以说五六个单词，但是说过一次之后就不会再张嘴说第二次了。他完全可以听懂大人们说的话，但只对自己感兴趣的话语做出一定的反应，不管什么事情都以自己为主，不会按照别

人的要求去做,所以很难适应早教中心的氛围。他非常讨厌去陌生的地方,讨厌所有新事物,虽然有挑战精神,但是不愿意去做自己不擅长的事情,好像属于需要思考很多天才会下定决心进行挑战的类型。我们都担心宝宝在这样重要的时期会发育迟缓,为了防止以后后悔,我们想给宝宝做一些治疗,但是根本不清楚到底什么样的治疗比较好,也不知道很难适应陌生环境的宝宝能不能很好地接受治疗。我儿子的运动能力非常好,肌肉发育也很正常,只是吃饭的时候不愿意咀嚼,而且对吃饭一点儿都不感兴趣。心情好的时候就会随心所欲地转来转去,心情不好的话就会一整天都在妈妈的怀抱里哼哼唧唧,不管什么时候都想黏在妈妈身边。由于宝宝属于性格比较敏感的类型,所以自从出生之后我就没有过一天舒心的日子。老公平时很忙碌,宝宝因为过敏症而不愿意吃饭,所以我每天都生活在巨大的压力下,并且很担心自己的抑郁心情会对宝宝产生影响。

Ⓐ 完全没有必要因为宝宝24个月了还不会说话就带他去接受语言治疗。虽然医生可以提供一些能够提升宝宝嘴部周围肌肉运动能力的语言治疗,但是如果他并不存在运动障碍,最好不要对这么大的宝宝进行治疗。只有嘴巴周围的各种运动功能都发育成熟,宝宝才能发音。到宝宝嘴巴周围的各种运动功能自然成熟的时候,起码需要等待4个月的时间。

感情调节能力

Ⓠ 宝宝总是重复说"不要"

我的女儿现在已经17个月了,最近总是一边摇着头一边重复说"不要!讨厌！"等话。一开始的时候还为她可以表达自己不喜欢的意思而感到神奇，但是最近发现这种情况越来越严重了，只要不合心意她就会乱扔东西，总是说"哎"这样的话，有时候还会打自己的脑袋，有时候甚至直接躺在地上，用头顶着地。虽然我们都觉得她应该只是暂时这样，但还是有些担心。我并不太清楚早期教育，难道因为我总是根据从别人那里听来的方法教育宝宝才导致她出现这些问题吗？宝宝一出生我就买了很多书，总是担心自己的宝宝起步比别人晚。宝宝刚出生1个月，我就花了很多钱给她买了童话书和玩具，宝宝也可能会因为这样而感到反感。只要一给她读书她就会大声叫喊，并且把书抢过来。我很担心我的这些行为会对宝宝的成长产生消极的影响。

Ⓐ 17个月的孩子因为还不能用语言来表达自己的意思，所以很容易就会表现出过激的行动，这时需要家长仔细观察一下宝宝喜欢什么，不喜欢什么。在不考虑宝宝发育状态的情况下就进行早期教育，会让宝宝感致反感，最终可能会导致宝宝表现出反抗父母的行为，所以希望家长立即把书本收拾起来，跟宝宝一起玩玩具或是带着宝宝去外面玩。不管在什么样的情况下，家长都最好不要强迫宝宝读书。

Ⓠ 宝宝总是用嘴含着毯子睡觉

我女儿刚满19个月，她太喜欢毯子了。由于我奶水不是很多，所以给宝宝喂一会儿奶之后就必须给她喂奶粉，但是宝宝并不喜欢喝奶粉，所以每次喂宝宝喝奶粉都很辛苦。因此，宝宝过了周岁我就不喂她吃奶粉了，直接喂她吃饭。但是不知道从什么时候开始，她只要一犯困就会用嘴咬着被子，一边发出喷喷的声音一边滚动着，一直到慢慢睡着。我们都觉得咬被子不卫生，所以给她买了奶嘴含着，但她只是咬一会儿，很快就又咬着被子了。有一次我们要在别人家留宿，没来得及准备好被子宝宝怎么也不睡觉，不停地哭闹，我们所有人都不知道该怎么办，最终还是不得不回到自己家里。平时也是如此，明明玩得很开心，但是只要一想起被子来就会立即跑进房间里高兴地抱着被子玩，有时候还会把被子递给我让我咬着。我觉得女儿可能是因为没喝够奶水才会这样，所以我感到很对不起她。另外，我还担心她是不是因为情绪不稳定才会这样。

Ⓐ 宝宝是有可能对某个事物非常执着的。如果说你的宝宝只有咬着被子才能睡着的话，就让她那么做吧。如果想强制性地把被子抢过来，宝宝就会对被子更执着。如果这段时间没有好好地陪宝宝玩一玩，希望以后能够更加积极地跟她互动。如果妈妈还是感到很不安，可以通过性格心理检查来了解一下到底是为什么。

Ⓠ 总是吵着要自己做所有的事

我儿子23个月。他最近总是吵着要自己做所有的事情。如果他真的能做的话我也可以让他做，但是他甚至吵着要做自己根本就做不了的事情，真的让我不知如何是好。我觉得反正这些事情都是他以后要慢慢学着做的，也不能完全不让他去做，但是如果任由他去做，他又根本不知道方法。我的儿子属于比较温顺的性格，所以到目前为止还没有出现过太大的问题。但是随着在外面玩耍的时间增多，有时候他也会挨打，或者会看到别的孩子打架的场面，所以回到家里之后只要稍有不满就想动手打我，有时候还一边说着"打"一边打我的膝盖。在模仿暴力方面他要比其他孩子严重一些，我应该怎样指导他呢？

Ⓐ 从发育年龄上来看，您的宝宝正好处在想要自己学习的年龄，所以说您上面所描述的行动都属于正常范围。如果时间允许，最好可以给宝宝提供一些让他自己动手的机会。成就欲望比较大、自主性比较高的宝宝非常讨厌别人帮自己做事，这样的宝宝会因为没办法完成自己想做的事情而伤心。俗话说"心有余而力不足"，虽然宝宝非常想独自完成某件事情，但是由于运动能力不足而以失败告终，这时他的自尊心就会受到伤害，所以家长需要理解宝宝的这种心情。但是当宝宝想要去模仿的时候，家长应该表现出明确的态度，让他明白什么事情是可以做的，什么事情是不可以做的。

Ⓠ 只要感到伤心就会打妈妈

我的宝宝已经24个月了，如果跟朋友玩耍的时候发生了让他伤心的事情，就一定会打我。我告诉他，当被朋友打了或是玩具被抢走而感到伤心的时候，一定要用话语来表达自己的想法，要跟朋友说"我也要一起玩！"或者"不要打我！"等。虽然宝宝也这样说了，但是事后还是会打我。我的宝宝为什么会这样呢？而且他玩玩具的时候总是要把玩具都撒在地上，等他差不多玩够了我准备收拾起来时他总是缠着我不让我收拾，难道是宝宝性格本身存在问题吗？

Ⓐ 如果宝宝自身调节情绪的能力不足，就会为难身边的人，而且24个月

正是宝宝养育起来很困难的年龄。但是在宝宝打妈妈的时候，妈妈可以抓住他的手，非常坚决地告诉他这样做是不正确的。但是并不是说妈妈表明态度之后，宝宝就会立即改正打妈妈的行为。24个月吵闹的宝宝在60个月的时候脾气会自然而然地有所缓解。所以，希望家长不要对宝宝进行过分的批评训斥。

Q 有了第二个宝宝之后，大女儿总是愿意黏在妈妈身边

我有两个女儿，一个20个月，一个1个月。小女儿出生之后我就一直在做产后调理，所以大女儿就交给奶奶来照看，我听说她在奶奶家玩得很好。过了一个月之后我去接她，一开始好像没有认出我一样，但是很快就黏着我。当我要给小女儿喂奶的时候，大女儿就会非常生气，寸步不离地跟着我。只要小女儿一哭，大女儿也会跟着哭，不让我去小女儿身边。但是大女儿有时候也会非常温柔地抚摸妹妹的脸蛋。遇到这些情况的时候，我应该怎么做呢？

A 当弟弟妹妹出生之后，长子一般都会认为像弟弟妹妹一样行动的话，就能够重新得到妈妈的爱，所以才会做出这样的行为，这是非常正常的发育过程。妈妈这时要适当地接受宝宝这些幼稚的举动，多分给宝宝一些爱，必须要让长子感受到弟弟或妹妹并没有抢走妈妈对她的爱。长子一般都会在弟弟或妹妹身上感受到两种感情，因此，当长子做出疼爱弟弟妹妹的动作时，一定要对长子进行称赞。而且，还要抽出时间与长子单独相处。

Q 总是会被同龄孩子抢走东西

我儿子22个月。由于他性格比较温顺，所以总是挨打，并不知道去打别人。有很多时候，即使自己的东西被别人抢走了，他也不会生气或是伤心，而且他身边的同龄孩子大部分都很厉害，所以他经常被别的孩子欺负。医生，难道性格太温顺了也是问题吗？宝宝稍微长大一些会有所改变吗？

A 有很多宝宝习惯别人抢自己的东西，而不习惯去抢别人的东西。有些宝宝玩滑梯的时候也是等到别的宝宝都玩完了之后再去玩。我非常喜欢这样的宝宝。宝宝现在刚刚22个月，如果自己的东西被别人抢走的时候感到伤心，妈妈可以去帮宝宝要回来。宝宝成长的过程中，会通过各种各样的经验来学习与那些攻击自己的人相处，所以家长完全可以不用担心。

Q 宝宝很容易受惊吓

我的儿子已经23个月了，因为太容易受惊吓而让我非常担心。就算是老公在家里喊我一声"老婆"，儿子也会被吓一跳，然后立即躲进我的怀里。如果当时他的身边正好没有人可以抱他，他就会被吓得哭起来，只有被抱起来之后才会安心。在外面玩的时候，他只要听到汽车喇叭声，也会立即跑过来找大人抱。他从出生到现在就一直这样，我抱着他下楼梯的时候，就算是提前说我会慢慢走，每下一级台阶他也会被吓得发出"呃、呃"的声音。就算是大人踩刹车，他还是会被吓得蜷缩起来。他很能吃也很能睡，所以过一段时间之后，这种状况会不会好转一些啊？

A 我们现在还不能用科学理论来解释宝宝的一些特定行为发生的原因。如果是一些我们眼中的小事使宝宝受到了惊吓，我们就应该表现出一种认可的态度。这种情况下要把宝宝抱起来，告诉他不用害怕。当宝宝年满5岁之后，这种易受惊吓的症状就会慢慢好转。

Q 宝宝总是摸自己的小鸡鸡（外生殖器官）

我儿子已经19个月了，但是还不会自己大小便。由于天气太热，宝宝很容易长痱子，所以在家里的时候我们就不给他穿纸尿裤。但是我们只要帮他把纸尿裤脱了，他就总是摸自己的小鸡鸡。虽然我们批评过他，也想要把他的注意力转移到其他地方，但是这些都只能暂时起到作用，他的手不自觉地就摸过去了。我很担心他长大了之后会更严重，也担心细菌感染。我们应该怎么做才能杜绝宝宝这种行动呢？

A 一般情况下，自慰行为主要出现在宝宝感到不安或无聊的时候。虽然家长看到宝宝做出这种行为会感到非常担忧，但是从宝宝的立场上来看根本不存在性方面的意义，所以可以仔细分析一下到底是什么让宝宝感受到了不安、无聊等，想办法帮助宝宝从这种情绪中下摆脱出来。

Baby Column ❶

不要强求运动能力差的
宝宝做运动！

　　有位妈妈带着自己 24 个月的儿子来找我。这个宝宝出生在一个社会地位、经济条件都比较好的家庭里，而且还是长子，所以一直幸福地成长着。妈妈担心的是儿子经常摔倒，发育评价结果显示宝宝的认知发育属于正常范围，就是运动发育稍微有些迟缓。我告诉她，宝宝的运动能力较差是先天性的，这种情况完全不需要担心，并且把宝宝经常摔倒的理由告诉了她，希望她可以放心。

　　妈妈带着宝宝回到家里之后，为了提高他的运动发育水平，搜索了各种高价的儿童运动项目，而且还带宝宝去参加退役足球运动员举办的足球活动，了解了宝宝可以做的各种运动发育活动，时机合适就带宝宝去参加。但是宝宝渐渐地对运动失去了兴趣。听说宝宝上小学之后也不想跟同龄人玩，很难适应学校生活。

宝宝10岁左右的时候，妈妈偶然间发现他喜欢动手游戏，不管玩多久都不会感到厌烦。妈妈发现他可以长时间喜欢一件事情而不感觉厌烦之后，既惊讶又高兴。

幼儿期的宝宝如果认知发育处于正常水平，而只是运动发育稍微有些迟缓，就意味着宝宝对运动发育之外的领域有兴趣，可能属于性格比较安静的类型，而且很有可能擅长对语言理解能力和动手能力要求比较高的游戏。但是很可惜，这位妈妈没有关注宝宝喜欢的游戏，只想提升宝宝不擅长的部分，由于自己内心不安而总是让宝宝去做运动。

运动性发育迟缓就意味着爆发力、敏捷性、均衡感、协调力等发育都有些迟缓。这样的宝宝一般都害怕那些有攻击性的同龄人。当同龄人欺负他或是想要靠近他的时候，他在心理上就会感到畏缩，无法做出适当的反应，当然就会讨厌那些需要攻击性的游戏。这样的宝宝在幼儿期的时候更适合骑自行车、游泳等。但是到了8～10岁的时候，家长最好能够创造条件使他认识到自己的兴趣所在，此时他也有可能很好地适应足球、篮球、排球等对爆发力、协调力和敏捷性要求比较高的运动。

所有的宝宝都很爱自己的妈妈，而且在宝宝眼中温柔对待自己的妈妈是这个世界上最珍贵的人。所以，即使自己不喜欢，宝宝也会努力地按照妈妈的要求去做。如果宝宝的运动发育比较迟缓，而妈妈总是抽出时间陪宝宝玩，对宝宝很温柔，温和地劝说宝宝一起做体育运动，那么宝宝为了配合妈妈就必须去做自己根本就不喜欢的体育运动。这时宝宝的心情可能会变得郁闷，家长要密切注意这点。

虽然幼儿期的宝宝需要各种各样的游戏，但不管是运动还是音乐、美术，如果宝宝不喜欢，就不会对大脑发育有帮助。在幼儿园里学到的游戏都是一些短时间就可以完成的活动，所以就算自己不喜欢，只要稍微忍一忍就可以了，因此宝宝才愿意配合完成。但是宝宝回到家里之后，家长应该让宝宝做自己喜欢的游戏，这样才会对大脑发育有帮助。

Baby Column ❷

不同性格的宝宝,
需要不同的情感调节方法

•难缠的宝宝•

如果宝宝总是哭闹,而且需要经常吃奶粉,父母照顾宝宝时就会非常辛苦。如果不能立即满足宝宝的要求,宝宝就会大哭大闹,小脸蛋一下子变得通红,有时候甚至一边哭一边流汗,需要父母一直抱着才行。

过了6个月之后,虽然宝宝的哭声依然很大,但是眼泪会变得比较少,一般都是睁着眼睛,一边观察妈妈的眼色一边哭。不管抱着他还是放下都会哭,除非宝宝的心情好转或是哭累了,要不然会一直哭到入睡。虽然宝宝在心情好的时候也很爱笑，喜欢撒娇，一旦哭起来就很难停下来。如果家长用"看看到底谁能赢"这样的方式，把哭闹的宝宝放在次卧里装作听不见，宝宝就会不停地哭，最终还是家长认输。

当宝宝会爬、会走了，可以独自活动的时候，厌烦的情绪就会大大减少。当宝宝会说话之后，苦恼和厌烦感渐渐就会消失了。但是如果此时宝宝觉得家长不满足自己的要求，就会大吵大闹。例如，在百货商店里，如果家长不给宝宝买玩具，宝宝就会躺在地上打滚，往往会做一些让家长不知所措的行动。

更有甚者，即使做检查时也不理会医生的指示，即使医生发火，他也不看医生的眼睛，而只做自己想做的事情。如果医生或是妈妈批评他，宝宝就会放下玩具，想走出检查室。即使是训斥他，他也是一只耳朵进一只耳朵出，这时妈妈就会因为宝宝无视自己而生气。比较强壮、声音高亢、有威严的爸爸或是爷爷严厉地训斥宝宝，可以对宝宝的行动起到一定程度的限制作用，但是妈妈的体力和温柔的声音是无论如何也无法控制宝宝的行动的。这样的宝宝不喜欢跟同龄人一起玩耍，总喜欢跟那些可以满足自己要求的大人或是跟自己年龄差很多的大哥哥一起玩。

这些难缠的宝宝到 24 个月之前可以跟其他宝宝一起玩，24 个月之后最好把宝宝送到正规幼儿园去，或者是经常带宝宝去兄弟姐妹比较多的亲戚家里，这些都对培养宝宝的社会性和情感调节能力有帮助。如果在他随心所欲地玩耍时被同龄人欺负，宝宝的行动就可以在一定程度上得到遏制。而如果为了纠正宝宝的毛病而打他，很容易伤害到妈妈和宝宝之间的亲密关系，结果适得其反。

在 6 个月之前经常哭闹的宝宝，即使家长不停地安慰也没用，所以这时家长应该保持淡定，深吸一口气，努力不让自己因为宝宝的哭声而激动。与其抱着宝宝消耗体力，不如将其放进婴儿车里轻轻摇晃，或者是抱着宝宝，轻轻地抚摸他的后背，等着他自己把感情稳定下来，这是一种能够有效地节省家长体力的方法。

当宝宝学会走路之后，妈妈批评宝宝的时候不应对着他大喊大叫或是发火，不如先停下手中的事情，蹲坐下来，轻轻地捧着宝宝的脸，让宝宝看着自己的眼睛，这样的话，宝宝就会倾听妈妈说话。但是那些难缠的宝宝会经常受到批评，所以家长平时最好多抽出一些时间与宝宝一起玩，让宝宝对家长产生信赖感。只有这样，宝宝在被批评的时候才会稍微理解一下妈妈。如果家长因为自己辛苦就总是发火的话，就很难与宝宝形成正常的感情关系。

•温顺的宝宝•

从父母的立场上来看，最孝顺的宝宝就是那些天生性格温顺的宝宝，是那些只要吃了母乳或奶粉就会自己躺着玩或安静地睡觉，只在肚子饿或尿片湿了时才会哭闹的宝宝。

性格温顺、头脑聪明的宝宝一般运动发育和智力发育都非常正常，最终会长成一个温顺听话的孩子，所以养育起来比较容易。我们经常听到的"完全可以养十个这样的孩子"这句话，说的就是这样的宝宝。这样的宝宝一直到4个月的时候都非常温顺，睡觉的时间并不比一般的宝宝多。

与此相反，那些性格温顺又经常睡觉的宝宝从出生开始，在运动发育方面就会稍微有些迟缓，如果不给他们提供适当帮助，肌肉的紧张程度也会有些低下，最终导致运动发育迟缓或是认知发育迟缓。在新生儿时期，如果因为宝宝睡得很香，就让他的睡眠时间超过4个小时，而不喂奶或是奶粉的话，宝宝的体重就会下降，尤其是喂母乳的情况，如果宝宝在吃奶的过程中睡着了，妈妈就无法确认宝宝到底吃了多少奶，那么也就很难意识到宝宝因此导致体重增长缓慢这个事实。与此相反，因为宝宝在这个时期并不运动，所以就会因为吃得比较多而导致体重大幅度增加。

对性格温顺的宝宝来说，如果父母不多关心一下，那么他大部分时间都只能是一个人在玩耍。因此，如果妈妈只是给宝宝放好风铃等玩具就去干家务活，无法为宝宝的脑部发育提供充足的刺激。实际上有很多这样的情况，例如，妈妈忙着照看超市，爸爸就只是给宝宝喂奶，然后让宝宝一个人躺在小房间里，这样就很可能会导致宝宝发育迟缓。

如果您的宝宝性格温顺，就必须从新生儿时期开始，让宝宝醒着的时候趴一会儿，帮助他锻炼一下脖子的力量。要注意的是不要在棉被上趴着，一定要在比较硬的地方趴着，而且必须是在宝宝醒着的时候。就算是宝宝没有要求也要经常与宝宝对视，为宝宝创造出一个可以刺激视觉和听觉的环境，帮助他用大脑去思考。家长们一定要记住，很多长大之后发育迟缓的宝宝其性格都是非常温顺的。

•听话的好宝宝•

"把这里的纸巾扔进纸篓里"、"把玩具放进玩具箱里"，所有的妈妈都希望自己的宝宝很听话。有很多宝宝不管妈妈要求自己做什么都不会皱眉头，总是很听话地去做，甚至达到了让人惊讶的程度，竟然会对妈妈的指令没有任何抗拒感。这种宝宝的特点就是行动起来小心翼翼，话不多，看上去好像没有一直观察妈妈的眼色，但是妈妈的话刚落他就立即去行动，真可谓是让人惊讶到无语的程度。

看一看这类宝宝的妈妈就会发现，她们都非常安静，平时说话的声调也不高，几乎不会大发脾气。但是这些妈妈却总是苦恼自己的宝宝没有主张，总是被欺负，而这些在别的妈妈听来完全就是幸福的苦恼。由于这些温柔的妈妈认为自己被人欺负是温顺的性格造成的，所以并不喜欢自己的性格，也不希望遗传给自己的宝宝，当发现事与愿违之后就感到非常伤心。

有很多宝宝天生就性格温顺，一般不会对环境表示出强烈的抗拒。这是因为他们遗传了妈妈的基因，如果用颜色来比喻这类宝宝的话，他们就像是透明的水彩画色调一样。但是这样透明的水彩画只要沾上一点污渍就会留下痕迹，形成伤痕，所以想要一直保持自己透明的样子并不是那么容易的事情。

如果想要改变宝宝的性格，妈妈就要首先改变环境及本身的性格。而且家长最好不要让性格温顺的宝宝去学钢琴或是小提琴等，应该让他们去学跆拳道或是武术等运动。除此之外，类似于足球或是排球等能够跟其他人一起团结合作，为了胜利而投入所有能量的团队活动也很好。虽然宝宝的本性是与生俱来的，但也可以通过环境来进行改变。

关于宝宝长大成人之后天生的性格对未来性格产生多少的影响，环境因素对性格产生多少的影响，不同的人有不同的意见，可以说是众说纷纭，但是一般情况下都认为是各 50%。如果希望宝宝长大成人后的情感调节能力比较强，就必须要持续改变环境。因此，就需要努力为宝宝提供针对其天生性格和发育特性的教育方法和养育环境。

"身体动作越来越灵活，
语言理解能力不断提升！"

25～36个月，有些宝宝的语言理解能力会非常迅速地发育，而
有些宝宝的身体动作则会快速发育。因此，最好是为宝宝提供
符合其发育特性的养育环境。

Chapter

06

25～36个月
宝宝发育状况

"身体动作越来越灵活，语言理解能力不断提升！"

　　25个月的时候，有一部分宝宝就会喜欢上一些通过移动身体来做的运动游戏，这类宝宝也许有些调皮，并不喜欢安静地坐着听妈妈为他们读书。与此相反，那些喜欢安静地坐着看图画书或是喜欢跟妈妈一起读童话书的宝宝，在幼儿园里可能并不喜欢那些需要跳来跳去的游戏，这样的宝宝喜欢安静地坐着玩游戏，非常安于在小小的房间里跟同龄的孩子一起玩游戏。但是随着身体动作越来越灵活，那些喜欢运动的宝宝很快就会对那些在小房间里玩的游戏失去兴趣。

　　25～36个月，有些宝宝的语言理
解能力发育会非常迅速，而有些宝宝的身
体动作则会快速发育，因此，最好是为宝宝提
供符合其发育特性的成长环境。因为总是让那些运动发育稍微有些迟缓
的宝宝参与运动游戏的话，他们会因为不管怎么努力都无法变敏捷而感
到沮丧。同样的，为了提升宝宝的语言理解能力就强迫想出去玩耍的宝
宝坐下来听妈妈读书，宝宝可能不会理解妈妈话语的意思，而只是躺着
听妈妈的声音。如果不是严重的发育迟缓，可以让宝宝玩自己喜欢和擅
长的游戏，这样的话可以增进父母和宝宝之间的相互了解。

　　如果宝宝各方面发育都比较优秀，可以让他跟比自己年长1岁的宝
宝一起玩游戏。反之，如果宝宝的发育稍微有些迟缓，最好是在宝宝36
个月之前送到幼儿园去，让他跟那些与自己水平差不多或稍小的宝宝在
一起，这样更有助于宝宝的发育。

　　也就是说，在培养宝宝的过程中，有时候会需要采取"战略后退"。
如果宝宝的发育有些迟缓，可以让宝宝跟那些比自己小1岁的宝宝一个班，
这样宝宝的压力就会小一些，过1～2年再把宝宝放入同龄人的群体中，
这也是一种不错的养育方法。因此，父母要想提升宝宝的发育水平，应
该不断努力了解宝宝的发育特性，因人而异，采取不同的方法。

宝宝的大肌肉的运动性

协调性很重要

从 25 个月的时候开始，宝宝各种动作和身体功能等都会以非常快的速度发育。这时宝宝能够以快速、稳定的姿势奔跑，学会上下台阶，学会跳跃，学会用叉子吃东西，学会一个人穿脱袜子和简单的衣服等，还能做很多日常生活中所必需的动作。

这个时期的大肌肉运动发育中最重要的运动能力就是协调性。25 个月之后如果宝宝想自己上台阶的话，肌肉力量就会起到很大的作用。与此相反，如果想自己下台阶的话，需要视觉深度的认知，所以就会同时对视觉和协调性有要求。

如果宝宝 25 个月的时候能够自己上台阶，而无法顺利下台阶的话，那么做金鸡独立的动作时也会有困难。所以，即使宝宝能够像兔子一样蹦蹦跳跳，但如果在地上画一条线或是放一张纸让他跳过去，可能也很难做到。

如果宝宝在视觉和协调性方面基本不存在问题，可能就会喜欢小幅度的身体活动或是幼儿园里的各种身体游戏。但是如果这两方面存在问题，在参与身体活动或游戏时就会出现困难，需要相当长时间才能慢慢适应。因此，如果宝宝的视觉和平衡感都比较好，在幼儿园里或是同龄人里就会更加自信，适应性也更强。

这个时期的宝宝经常做的身体游戏就是摇摆游戏。这时家长应该仔细观察宝宝的身体摇摆的准确度如何。如果宝宝可以跟着一起摇摆，但是准确性比较低的话，那么也许运动性发育方面存在问题。

新手父母没有机会把自己的宝宝与其他的宝宝作比较，所以就算是宝宝在运动发育方面存在问题，也很有可能忽视掉。但是，父母可以通过幼儿园举办的各种活动来观察宝宝身体的柔软性，以及是否具有爆发力等。

大肌肉的运动性检查

▶ 32个月15天 ◀

❶在地上画几条线，使其相隔30厘米。家长先站在线前面，为宝宝做一下跳远的示范，从第一条线跳到第二条线前面，然后也让宝宝跳一下试试。这个时候，家长一定要仔细观察宝宝是否可以并拢双脚，从一条线跳到另一条线。

❷家长可以观察宝宝金鸡独立的姿势能够坚持几秒钟，一般需要2秒钟以上才行。父母还要观察在此过程中宝宝能否保持平衡，还是会向两边倾斜摇晃。

▲ 稳定的姿势

▲ 摇晃的姿势

❸ 跟宝宝一起一边唱"一闪一闪亮晶晶……"一边摇摆。让宝宝双手向左摇摆一下，然后再向右摇摆，然后观察一下宝宝的手腕是不是很柔软，两只手能否向上举高。

▲ 准确的手部摇摆

▲ 不准确的手部摇摆

宝宝发育游戏

大肌肉的运动性发育游戏

对于协调性不好的宝宝来说，强化肌肉非常重要。

❶ 让宝宝每天练习上下台阶，强化腿部肌肉。

❷ 利用周末跟宝宝一起去爬山。

❸ 就像练跆拳道一样，让宝宝一只脚支撑站立，然后抬起另一只脚练习前踢、后踢和侧踢。这个时候一定要仔细观察宝宝的上体能否保持笔直。让宝宝在同龄人面前做这些动作的话，他很可能不做，所以家长一定要一对一跟宝宝玩。

❹ 夏季的时候可以带着宝宝去海边，让宝宝穿着长靴在软绵绵的沙滩上或是泥地里走一走，感受一下。

宝宝的小肌肉的运动性

让宝宝照着简单的图形画画

当宝宝到了 25 个月的时候，基本上都可以拿着蜡笔或是铅笔描画一些简单的图形了。家长可以让宝宝画横线和竖线组成的十字架或是圆圈。也有一些宝宝可能会在画画这方面存在困难。

一般情况下，虽然宝宝的手掌力气非常大，但是如果无法拿着铅笔描画简单的图形的话，很容易被看作手腕力气比较弱。这与手掌力气很大但是不会用刀或是不会用针的现象十分相似。如果是大人，只要通过努力就可以提升用刀和用针的能力了。但是对于只有 25～36 个月的宝宝来说，让他们主动画画是很困难的。

所以不能因为宝宝不能准确地描画图形，就强迫他去画画。

当宝宝到 25 ~ 36 个月的时候，小肌肉就会快速发育，完全

可以做类似于将有洞的珠子做成项链这样的游戏。宝宝还需要有对力量进行调节的能力。

宝宝发育检查

小肌肉的运动性检查

▶ 32个月15天 ◀

❶ 妈妈先拿着彩笔在纸上画一条横线，然后让宝宝也画一条同样的横线。观察一下宝宝画的横线与妈妈的相比，倾斜度是否超过15度。

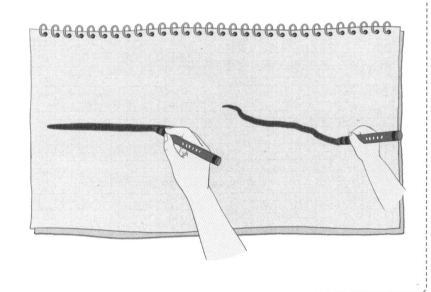

❷ 妈妈先拿着彩笔在纸上画一条竖线，然后让宝宝也画一条同样的竖线。观察一下宝宝画的竖线与妈妈的相比，倾斜度是否超过15度。

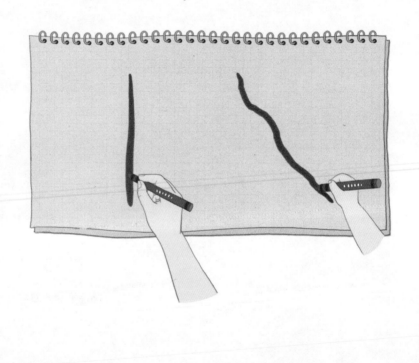

❸妈妈先在纸上画一个圆圈，然后让宝宝照着画。观察一下宝宝画的圆圈有没有歪曲，看一看宝宝画的线条有没有间断。这个时候，宝宝应该一次就把圆圈画出来，而不是重复很多次。

★ 如果宝宝还不能熟练使用铅笔的话，没有必要强迫他用铅笔画画。由于宝宝的手部运动还不够熟练，所以在幼儿园里玩一些需要用到手的游戏时就会花费很长的时间。这个时候，宝宝很有可能会因为自己不能随心所欲地控制双手而感到沮丧。因此，需要妈妈和爸爸在旁边帮助宝宝。

宝宝的语言发育状况

理解象征

25 ～ 36 个月之后，宝宝慢慢地就开始理解相对概念和象征意义了。"多"、"少"并不是事物的名称，而是用来表示相对的概念。同样，"大"、"小"、"长"、"短"、"重"、"轻"、"最大"、"最小"等词语也是用来描述相对的概念。

在语言理解方面存在困难的宝宝会表现出一些共同的症状，他们在记忆和理解单纯的事物名称的时候没有问题，但是在理解象征意义或是抽象概念的时候就会遇到困难。宝宝到 24 个月的时候，在单纯事物名称的认知和细节名称的认知方面是绝对不会存在问题的，所以完全可以记住家里所有的物品，也可以一次就把大人教给他的事物名称记住。但是过了 24 个月，再告诉宝宝"多"、"少"、"大"、"小"等相对性概念时，宝宝可能就没那么容易理解了。

因此，当宝宝长到 25 个月的时候，一定要对他的语言理解能力做一下检查。以便可以尽早发现宝宝在语言理解能力方面是否存在困难，然后采取适当的措施来帮助他。

当宝宝还不足 24 个月，家长给宝宝读童话书时主要是告诉他简单的事物名称和表示动作的词语，所以不一定非要读图画书。利用多种多样的事物和玩具也可以培养宝宝的语言理解能力。但是当宝宝长到 25 个月，就到了一个可以理解故事的时期，所以在给宝宝读童话书的时候，故事就变得非常重要了。

连词成句来说话

这个时期，有的宝宝就可以连词成句来说话了，当然也有只用单词来说话的宝宝。很早就学会说话的宝宝的语言表达能力会迅速提高，所以，那些很晚才学会说话的宝宝的家长当然就会非常担心了。

但是前面已经说过很多次了，发育的过程中重要的是语言理解能力，宝宝不会连词成句、不能流畅地说话，也不代表宝宝的语言表达能力不好。如果语言理解能力属于正常范围，即使在25～36个月的时候只会说单词，也是不需要进行语言治疗的。

例如，那些在走路方面存在障碍的宝宝在接受了2～3年的治疗之后可以独立行走，这一过程可以被称作治疗。但是经过2年的时间，由于宝宝嘴周围小肌肉自然发育成熟而会说话了，这种现象就不能被说是语言治疗的结果，应该属于的自然成长的结果。

可以让宝宝的发音变清楚的舌系带手术曾经流行一时。当然，那些因为先天性舌系带短小而患有先天性发育障碍的宝宝可以做舌系带手术。但是对于那些发育正常的宝宝来说，绝对不能因为他们学说话比较晚就给他们做舌系带手术。家长必须扔掉那些认为不会说话就要去接受语言治疗，或者是认为宝宝接受了舌系带手术之后发音就会变准确的想法。家长们应该记住，在宝宝年满5岁之前，重要的不是宝宝会不会早早地学会说话，而是能不能很好地理解别人说的话。

宝宝发育游戏

提高语言理解能力的游戏

● 24个月15天 ●

❶认知事物所有者

•问一问宝宝"妈妈的鼻子在哪里"，这个时候要观察一下宝宝能否认知

"妈妈＋鼻子"的意思，看一看宝宝能不能做出指妈妈鼻子的行为。

•问一问宝宝"爸爸的眼睛在哪里"，这个时候观察一下宝宝能否认知"爸爸＋眼睛"的意思，看一看宝宝能不能做出指爸爸眼睛的行为。

❷认知事物结构的名称

•给宝宝看一看汽车的图画，问一问宝宝"汽车的车轮在哪里"，观察一下宝宝能不能认知"车轮"这个名称，能不能在汽车图片中指出车轮。

•给宝宝看一看猴子的图画，问一问宝宝"猴子的尾巴在哪里"，观察一下宝宝能不能认知"尾巴"这个名称，能不能在猴子图片中指出尾巴。

❸认知"相同"和"不同"的概念

•在宝宝面前放3～4种水果卡片，妈妈也拿着相同的卡片，一个个展示给宝宝看，然后问宝宝"跟这个一样的图片是哪一张"。观察一下宝宝看了妈妈拿出的卡片之后，能不能从自己面前的卡片中找出相同的卡片。

❹认知简单的图画

•给宝宝展示描述洗浴的图片、喝水的图片、听东西的图片和摸东西的图片。当妈妈说"宝宝在洗澡"、"宝宝在喝水"、"宝宝在听"、"宝宝在摸东西"的时候，观察宝宝能不能指出相应的图片。

❺服从指示

•妈妈对宝宝说"把草莓递给爸爸"的时候，看看宝宝能不能理解妈妈的指示并执行。

❻理解句子（5个中答对4个就算通过）

•对宝宝说"按照妈妈说的去做"，然后做出下面这些指示。

①站起来　　　　　　②摆摆手
③坐下　　　　　　　④拍手
⑤闭上眼睛

•妈妈一边把饼干递给宝宝一边说"把饼干袋拆开，然后把袋子扔进垃圾桶"。观察一下宝宝能不能按照妈妈说的顺序做。

•妈妈对宝宝说"先洗洗手，然后用毛巾擦干"。观察一下宝宝是否能够理解妈妈说的话，然后按照顺序做。

❼理解物品所有者

•把画着皮鞋、奶嘴、领带、化妆品4种东西的卡片拿给宝宝看，然后问宝宝下面几个问题，观察一下宝宝能否区分出是谁的东西。

　①哪一件东西是妈妈的呢？
　②哪一件东西是爸爸的呢？
　③哪一件东西是宝宝的呢？

●32个月15天●

❶理解事物的功能（答对4个以上算通过）

•把袜子、彩笔、手套、枕头、雨伞、吸尘器等事物（或者是卡片）放在宝宝面前，然后向宝宝提问。

　①哪一个是用来穿在脚上的呢？
　②哪一个是用来画画的呢？
　③天气冷的时候，要把哪一个戴在手上呢？
　④睡觉的时候，要用哪一个呢？
　⑤下雨的时候，要用哪一个呢？
　⑥清扫的时候，要用哪一个呢？

❷认知颜色

•把红色、黄色、绿色、蓝色的彩色纸或是卡片放在宝宝面前，然后对他说下面这样的话。

①把黄色的卡片递给妈妈
②把红色的卡片递给妈妈
③把绿色的卡片递给妈妈
④把蓝色的卡片递给妈妈

❸认知身体部位

•妈妈问"肩膀在哪里"的时候，观察一下宝宝能不能认知"肩膀"这个身体部位，能不能指出自己的肩膀或是妈妈的肩膀。

•妈妈问"下巴在哪里"的时候，观察一下宝宝能不能认知"下巴"这个身体部位，能不能指出自己的下巴或是妈妈的下巴。

•妈妈问"膝盖在哪里"的时候，观察一下宝宝能不能认知"膝盖"这个身体部位，能不能指出自己的膝盖或是妈妈的膝盖。

❹理解"大"和"小"的概念

•妈妈给宝宝看老虎和小鸟的图片，问宝宝"哪一个动物比较小"的时候，观察一下宝宝能否理解"小"的概念，能不能指出体形小的动物（小鸟）。

•妈妈给宝宝看西瓜和香瓜的图片，问宝宝"哪一种水果比较大"的时候，观察一下宝宝能否理解"大"的概念，能不能指出体形大的水果（西瓜）。

❺理解连接助词

•在宝宝面前摆放面包、杯子、娃娃、书本4种物体，对宝宝做出下面这几种指示之后，观察一下宝宝能否一次拿来两种物体。这个时候要进行多次不同的事物组合。

①把面包和杯子拿给妈妈
②把娃娃和书本拿给妈妈
③把面包和娃娃拿给妈妈
④把书本和面包拿给妈妈

❻理解物品状态

•把装有水的杯子和没有水的杯子放在宝宝面前，然后问"哪一个杯子里没有水呢"，观察一下宝宝能不能准确地指出没有水的杯子。

•把盛有面包的盘子和空盘子放在宝宝面前，然后问"哪一个盘子里没有面包呢"，观察一下宝宝能不能准确地指出没有面包的盘子。

❼理解句子

•将肥皂、梳子、勺子、公共汽车（玩具）、铲子、杯子等放在宝宝面前，然后问下面这些问题。观察一下宝宝是否能够准确地指出每个问题所涉及的事物。

　①哪一个是做菜的时候使用的呢？

　②哪一个可以用来喝水呢？

　③洗脸的时候要用哪一个呢？

　④吃饭的时候要用哪一个呢？

　⑤梳头发的时候要用哪一个呢？

　⑥能够乘坐的是哪一个呢？

❽理解简单的动作

•把画有下面这几种动作的卡片展示给宝宝看，然后观察一下听到下面这些问题的时候，宝宝能不能准确地指出画有这些动作的卡片。

　①擦地板

　②削苹果

　③切（蔬菜）

　④哭

　⑤扔球

　⑥笑

宝宝亲密感的形成

与家庭成员之间的相互作用

从出生开始一直到 24 个月的时候为止，宝宝有时会无缘无故对其他人产生好感。有的宝宝讨厌所有的男人，即使那个男人是自己的爸爸；也有的宝宝不喜欢年纪大的人，即使爷爷露出一脸慈祥的笑容，宝宝也会一看见爷爷的脸就哭。

但是 24 个月以后，宝宝通过各种不同的亲身体验，对他人的喜爱度就会有所变化。如果爷爷总是给自己带来好的体验，那些原本不喜欢爷爷的宝宝也会与爷爷形成一种紧密的依恋关系。如果是在很多人住在一起的大家庭，宝宝可能一开始只喜欢被特定的几个人抱一抱，但是经过 2 年左右，宝宝就可能与所有的家庭成员形成依恋关系。

即使是宝宝小时候并不喜欢的一些家人，也要坚持给宝宝提供一些快乐的互动经历。那么完全可以形成一种值得宝宝信赖的关系。但是宝宝在睡觉之前或是有强烈不安感的时候，只会去找那个自己最信赖、最依赖的家庭成员，因为那个人可以让宝宝安心。因此，即使宝宝白天跟爸爸和爷爷玩得很好，晚上也很不愿意跟他们一起睡觉。

同龄人中的社会性

虽然宝宝到了 25 个月的时候就可以适应幼儿园生活了，但是很难交到一个知心朋友。这个时期的宝宝并不会跟朋友一对一玩耍，总是在一边自己玩，一边观察其他人的行动。但是就算是不在一起玩耍，宝宝也会从身边的同龄人身上模仿并学到一些东西。如果宝宝的家庭成员不多，就要让宝宝多与同龄人接触。

如果宝宝与同龄人一星期只相处 1 小时的话，那他观察研究同龄人举动所需的时间是绝对不够的。相反，宝宝在幼儿园里每天都会跟同龄人相处 4 ~ 5 个小时，即使身边有很多同龄人，他也会对每个朋友进行观察，然后决定如何跟他们交流。

因此，为了宝宝的自身发育和社会性发育，与其让宝宝去参加每星期一次且每次可能只有 1 小时的游戏活动，不如让宝宝每天都去幼儿园。由于宝宝在这个时期还不太会说话，所以在语言方面可能无法互动，但是如果他喜欢与同龄人在一起，应该很容易就能够适应幼儿园的生活。

25 ~ 36 个月的时候必须要尽早发现的发育障碍

17 ~ 36 个月的宝宝，虽然说话还不够流利，但是语言理解能力会不断提升，和周围人的互动也会越来越多。因此，宝宝先天性语言理解能力低下或是在与别人的互动过程中出现困难等发育障碍是可以尽早发现的。

在医学方面，发育障碍的原因还没有明确。一般的观点认为，那些患有发育障碍的宝宝，是因为胎儿时期在妈妈肚子里时的脑部发育阶段，其中特定领域的脑发育没有很好地完成。语言理解能力发育迟缓和互动性发育障碍最早可以在 24 个月左右的时候发现，到了 32 个月的时候，即使是一些很细微的发育障碍，最好也要尽早发现。

这个时期必须要进行早期诊断的代表性发育问题就是"自闭性发育障碍"和"可接受性语言表达障碍"。如果出现语言发育迟缓和运动发育迟缓，宝宝可能就很难理解幼儿教师的指示，很难像同龄人一样玩一些需要活动身体的游戏，因此也就很难适应同龄人的群体。

如果宝宝身上表现出这样的症状，不要单纯地认为宝宝只是因为小而不适应幼儿园生活，而应该尽早带宝宝去做检查，看一看是否存在发育障碍。那些不去幼儿园的宝宝在跟家人的互动中并不会存在明显的问题，所以很难在早期发现上述问题。由于发育障碍与脑神经网的发育相关，所以一定要尽早发现，并进行相应的治疗。研究结果显示，从24个月开始，为宝宝提供的那些发育活动有助于发育障碍儿童处理日常生活中的一般问题。

自闭性发育障碍和可接受性语言表达障碍很多时候会被误诊为因为缺乏环境刺激和爱缺失而形成的"反应性依恋障碍"。它们共同的症状就是语言发育迟缓和运动性发育的迟延，以及在与他人互动中存在障碍等。

需要对宝宝的发育特性和父母的养育态度进行细致分析，学会准确地分辨宝宝表现出来的到底是哪一种发育障碍。一般情况下，社会性发育、语言发育障碍及先天性发育障碍均与父母的养育态度有关。

如果宝宝表现出难以控制的性格和发育特性，会对父母的养育态度产生一定的影响。因此，就需要仔细区分到底是因为生长环境导致宝宝发育迟缓，还是父母表现出不够成熟的养育态度而产生的宝宝发育问题。

反应性依恋障碍

反应性依恋障碍形成的主要原因就是儿童在5岁之前，父母对宝宝的病态关怀和照顾。这里所说的病态关怀和照顾指的是儿童虐待和儿童忽略，即在身体和精神上对宝宝进行虐待，不为宝宝提供成长过程中所需要的营养、睡眠和游戏环境等。

患有反应性依恋障碍的宝宝都会表现出一定的发育迟缓现象，而不仅仅表现为成长迟缓。对患有反应性依恋障碍的儿童家长的养育行为进行观察之后发现，他们长期无视宝宝的基本要求，宝宝才会出现成长迟缓及发育迟缓的症状。因此，并不是说当宝宝不听话的时候拍打两下屁股，或是宝宝不好好吃饭的时候饿宝宝一两顿，就会使宝宝出现反应性依恋障碍的症状。

当发现自己的宝宝出现成长迟缓和发育迟缓症状时，家长就需要仔细分析一下到底是因为没有给宝宝提供充足的营养，还是教育方式不当导致的反应性依恋障碍。

自闭性发育障碍

自闭症是一种同时展现出多种发育问题的发育障碍，一般出现在宝宝出生之后的前3年里。其中最主要的症状就是宝宝完全没有想要与其他人进行交流的意愿。虽然自闭症一定要尽早发现，但是这样的宝宝有很多时候都会被误以为是任性而为或是固执己见的宝宝，从而导致无法及早就医。

研究人员发现，自闭症状是脑功能的问题，与家庭收入、生活状态、家长的教育水平等没有关系。对出生24个月之后的自闭儿童进行观察之后发现，他们的行为特征主要有下面几种。

1）语言发育的迟缓

新手父母看到自己的宝宝很晚才学会说话，就会担心不已。但是对于那些患有自闭性发育障碍的宝宝来说，最重要的发育迟缓不是语言表达能力低下，而是语言理解能力低下。有些宝宝可以理解日常生活中经常用到的简单的事物名称或是表示动作的词语（饭、水、牛奶、出去、坐下、不行、吃饭等），但是14～16个月就应该可以做到的完成家长的简单要求，在24个月之后还无法完成。所以家长总是认为那些宝宝是不愿意按照家长要求去做，完全是不听话的宝宝。

当宝宝成长到25～36个月的时候，如果会说一点儿话，就会模仿身边的人。有报道显示，80%的自闭儿童都会说一些模仿性的话语。这种现象指的就是宝宝完全模仿妈妈说的话，例如，妈妈问"吃饭吗？"的时候，宝宝不管知不知道这句话的意思，都会不停地重复。家长这时会认为宝宝可以连词成句来说话，就会想只要再给宝宝一些时间练习就可以了。

2）感情交流的困难

妈妈在向宝宝表达自己的爱意时，很难得到宝宝反馈。同样，就算妈妈发火了，宝宝也完全没有流露出紧张感。最终，由于妈妈的感情无法传递给宝宝，就会在与宝宝交流的过程中感受到挫折，产生负罪感，觉得是因为自己没有跟宝宝进行足够多的肢体接触或是不经常陪宝宝玩才导致这些问题的出现。

想要掌握自闭症宝宝的内心想法也是非常困难的。虽然经常跟宝宝在一起可以了解他喜欢、讨厌等简单感情，但是很难了解其他的感情。因为患有自闭性发育障碍的宝宝在表达情感时会存在很大的困难。由于宝宝哭、大喊大叫或是笑等行为都不符合当时的情况，所以家长很难理解宝宝的心情。

很难与宝宝进行感情交流的最大原因就是宝宝故意避开与妈妈的眼神交流。发育正常的宝宝刚一出生就开始对其他人有所反应。4个月之后就可以通过面部表情来掌握对方的心情，然后努力地想要根据对方的心情来决定自己的行动。但是，患有自闭性发育障碍的宝宝身上就看不到这样的举动。从4～6个月开始，宝宝下意识地避开其他人视线的行动有时候也会成为发育障碍的一种早期迹象。

虽然这样的宝宝在坑游戏时会拒绝与其他人交流，但是如果想吃东西了，就会走到妈妈身边，然后拉着妈妈的手走到冰箱前面。当这样的宝宝处在一种陌生的环境中而感到害怕的时候，也会表现出去找妈妈的依赖性行为。因此，即使有时候一些与宝宝接触过的外人说宝宝的行动有些异常，妈妈也会觉得自己可以与宝宝进行基本的相互交流，觉得他很信任自己，所以很难承认宝宝患有自闭性发育障碍这个事实。

3）对感觉刺激的特别反应

患有自闭性发育障碍的宝宝对话语并不是很敏感，但是对视觉和听觉刺激却非常敏感，而对皮肤刺激则表现出很敏感或是完全不敏感两种极端的反应，对晃脑袋时产生的眩晕感完全不敏感，所以无聊时会一个人做一些类似于旋转身体的游戏。如果这个时期让宝宝去一个很高的地方，正常宝宝会因为感觉到了地面和自己之间的视觉距离而感到头晕、害怕，而患有自闭性发育障碍的宝宝不会感到害怕，甚至如果感到无聊的话可能会不停地要到高处去。

4）对变化的抗拒感

如果熟悉的环境出现变化，患有自闭性发育障碍的宝宝就会表现出强烈的抗拒感。如果不是自己经常穿的衣服或鞋子，不是自己经常走的路，都会表现出抗拒感。所以对于妈妈来说，带着这样的宝宝出门，就会因为要做的准备工作很多而感到压力很大。

5）不断重复一些动作

患有自闭性发育障碍的儿童无聊时会不停地开关房门，或者坐电梯不停地上上下下。如果去百货商店，就会想要一直在电梯和自动扶梯那里玩，所以妈妈很难做自己想做的事情。

6）对特定事物的执着

一部分患有自闭性发育障碍的宝宝非常喜欢汽车，尤其是喜欢看车轮旋转。不仅是汽车，这一类的宝宝都有自己喜欢的特定的事物。当然，发育正常的宝宝这个时期也会喜欢汽车或是恐龙等，也有自己喜欢的特定玩具。

但如果用新玩具换下他们手头的玩具，正常的宝宝会重新产生兴趣，而患有自闭性发育障碍的宝宝却很难对新玩具产生兴趣。

7）排斥角色扮演游戏

宝宝24个月之后就可以玩一些类似于过家家等角色扮演游戏。但是患有自闭性发育障碍的宝宝却缺乏玩这些游戏的意愿，所以很难与家人或是同龄人一起玩这样的游戏。在玩积木游戏的时候，也很难利用积木堆出汽车或是房子等象征性的形态。所以，这类宝宝在24个月之后也只能做一些类似于把积木一列排开或是向上堆积等非常简单的游戏。

有很多家长认为，宝宝之所以会患自闭性发育障碍，是因为家长不能经常陪宝宝玩耍。在宝宝24个月之前，家长尝试着与宝宝进行相互交流而宝宝反应迟缓的话，家长因为失去耐心而让宝宝自己玩耍，因此，家长认为宝宝出现自闭症状是因为他们自己玩耍。但是，宝宝自己一个人玩的原因必须要仔细分析一下，看一看到底是因为家长疏忽，还是因为宝宝自己的行动特性。

自闭性发育障碍经常被称为"自闭儿"、"小儿自闭症"、"整体发育迟缓"等。对患有自闭倾向的宝宝进行观察之后发现，其中又包括患有严重自闭倾向的宝宝和非常轻微自闭倾向的宝宝等多种多样的形态。因此，一般不直接把这类宝宝叫做"自闭儿"，而是根据"有自闭倾向的儿童"的意思，定义为"自闭症谱系障碍。

我们在电影和电视中看到的患有自闭性发育障碍的宝宝一般自闭倾向比较严重，而现实生活中，患有自闭性发育障碍的宝宝并没有那么明显的表现，因此，父母认为自己的宝宝并不是自闭性发育障碍，结果错过了早期治疗的时机。如果宝宝表现出了轻微的自闭症状，就应该进行早期诊断，进行早期治疗。

可接受性表达语言障碍

可接受性表达语言障碍指的是非语言性智能、与他人的亲密感、兴趣等行动发育都属于正常范围，但是在理解语言规律和语言想表达的意思方面存在困难的情况。即只是在理解话语的功能和说话功能方面存在困难。

宝宝出生 25 ~ 36 个月进行智能测验的时候，如果宝宝的语言理解能力达到自己年龄应该达到的水平的 80%，语言理解能力即属于正常范围内。但是，家长很难判断宝宝的语言理解能力的水平，所以需要让专家来对宝宝做一下发育评价。

语言表达能力一般指的就是家长在家里不停地给宝宝读书里的句子，以此判断宝宝的语言表达能力是否存在问题，但是当对宝宝提问的时候，宝宝又很难给出正确的答案。而且这个时期正好是能够理解简单的疑问代词差异的时候，所以在问"什么时候吃的？""在哪里吃的？""和谁一起吃的？"这样的问题时，宝宝如果无法理解疑问代词之间差异的话，就算是能够说出很长的句子，父母也应该考虑一下宝宝是否存在可接受性表达语言障碍。

患有可接受性表达语言障碍的宝宝在与他人形成亲密感时并不存在困难，而且在玩拼图等非语言性游戏时也没有问题，所以很容易被误认为只不过晚一些学会说话而已。如果父母了解宝宝的语言理解能力水平，并通过一对一教育来进行提高的话，完全可以实现语言理解能力的提升和思想交流方面的变化。

我们的社会非常关注自闭性发育障碍这一病症，所以针对这一类儿童研究开发了很多特殊教育项目。另外，由于人们不太理解可接受性表达语言障碍症状，所以现在还没有针对这一症状的特殊幼儿园或特殊教育项目。

先天性发育障碍最好在宝宝24 个月左右时诊断出来，然后通过政府机构提供的一些儿童特殊教育活动进行治疗。因为肢体性发育障碍或是可接受性表达语言障碍如果可以尽早发现，并且针对宝宝的发育特性提供适当的训练，宝宝适应日常生活的能力就会有很大的提高。

宝宝的
发育状况
Q & A

25~36个月

运动能力的发育

Q 想了解拼图游戏和智力的相互关系

我家宝宝的朋友中，有一个很会玩拼图的宝宝（29个月）。这个宝宝可以在2分钟内拼完20块拼图，这令我很惊讶。不过这个宝宝好像语言发育慢一些，目前还不会说一句完整的话。听说擅长拼图的宝宝智力都很高，这两者之间有关系吗？我还想了解语言和理解能力快慢与宝宝的智力是否有关系。此外，运动能力发育快的宝宝，例如较早会骑自行车；在游乐场所玩的时候，动作比其他宝宝更加敏捷；比其他宝宝更擅长玩游乐设备等，这些情况是否也与智力有关？

Ⓐ 如果拼图能力优秀，但是语言理解能力发育较慢的话，表示发育领域之间存在较大的差距，因而进行发育评价后，可能还需要接受特殊教育。拼图能力属于非语言领域的能力，这个宝宝属于非语言领域智力高的情况。智力分为非语言领域和语言领域。非语言领域通过拼图、积木游戏、迷宫、视觉认知等多种能力来评价。相反，语言领域通过语言理解能力和表达能力来评价。29个月的宝宝即使语言表达能力较差，也不会对5岁以后的智力水平产生很大的影响。非语言领域的游戏水平高，同时语言理解能力也强的话，宝宝的智力有可能高于同龄的宝宝。不过，会骑自行车、动作敏捷等属于运动领域的能力。对于5岁之前的宝宝，要把发育领域分为运动领域、非语言认知领域、语言理解能力，观察各领域的能力，根据发育情况提供相应的游戏才可以。

Ⓠ 走路和跑步的样子好像比本身年龄小很多

我的女儿30个月了，与同龄人相比，身高偏高，体重也偏重，所以一直以为她发育得很好，不过女儿走路和跑步的样子却像只有20个月大。我一直认为她可能只是比其他宝宝发育得慢，可是幼儿园的老师说女儿大多数时间都是坐着玩的，要我多让她走走、跑跑。我是否要带女儿去医院做发育检查呢？

Ⓐ 30个月的宝宝运动能力较差的话，不会喜欢运动类游戏，特别是与那些运动能力强，快速地跑来跑去，喜欢从高处往下跳的活泼的宝宝在一起时，更不愿意活动。30个月的宝宝运动能力差，不是因为妈妈没有经常陪宝宝玩，而是先天性的运动能力差。为了提高宝宝的肌力和平衡感，父母

应多跟宝宝一起走走、跑跑，这样会有所帮助的。语言理解能力属于正常
范围的话，不需要接受专业的发育检查。

Q 双脚跳和智力有关系吗？

我家宝宝是31个月的女孩，30个月的时候才学会了双脚跳。在其他方面发育
得都很好，也很会表达自己的意愿，不过让她双脚跳的时候，她只会在原地
跳，不会好好做，难道是因为我给她压力了吗？后来，我送她去幼儿园，一
段时间之后，她才会做双脚跳。双脚跳对智力有影响吗？其他宝宝24个月的
时候就会跳了，只有我家宝宝那么晚才会跳，这让我有些不放心。

A 语言理解能力属于正常范围，也适应了幼儿园的生活，仅仅不会双脚
跳并不代表宝宝的整体智力有问题。如果非语言领域的能力和语言理解能
力属于正常范围，只在运动方面发育偏慢一些，那么就属于正常发育，父
母不用担心。不要太在意双脚跳，坚持与宝宝一起做运动游戏，宝宝的运
动能力会慢慢得到提高。

Q 总让宝宝做运动，会起反作用吗？

运动发育缓慢的宝宝，不管父母多么努力也无济于事吗？我家宝宝31个月
了，其他的我都不担心，但宝宝的运动发育好像有点慢。过了1周岁以后才

会走路，28～29个月的时候才会双脚跳。我没有示范的动作就不愿意去做的样子。我小时候就是个"运动痴"，生怕我家宝宝也跟我一样。从现在开始多带宝宝做运动是否有帮助呢？

A 即使宝宝运动神经迟钝也不用担心，只要经常去做运动，运动神经就会发达起来。妈妈要先主动去克服"运动痴"，当自己克服弱点之后，就会对帮助宝宝克服的运动能力障碍产生自信。而且，宝宝看着妈妈的行为会开心地跟着做，这样自然而然会活动身体，运动能力也随之得到提高。如果妈妈运动能力强，宝宝将会得到更多的做运动游戏的机会。不要硬逼宝宝去做运动游戏，但要让宝宝每天看到妈妈在努力做运动。

Q 我家宝宝的手指发育缓慢。

我家宝宝是32个月的男孩。在指事物和活动手指方面没有问题，但是在表示年龄的、使用拇指拿物品的时候，手指显得很不自然。搭积木的时候，才搭几个就会推垮掉，拿着玩具使劲敲墙，或者拿它打人，不会是性格上有问题吧？最后一点就是，宝宝说话也比较晚，现在会说"妈妈"、"爸爸"、"姨妈"等日常简单用语，但是说不了一个单词以上的词汇。

A 看来宝宝在动手操作方面有些困难，而且在无法控制手部活动的时候，会做出攻击性的行为。之所以说话晚，小肌肉发育缓慢的可能性很大。要理解宝宝不能随心所欲活动手指，想说也说不出来而感到烦躁的心情，不要对宝宝大呼小叫的。首先确认一下宝宝的语言理解能力是否属于正常范围，随着宝宝慢慢成长，运动能力将会得到进一步提高，父母耐心地等待吧。如果宝宝小肌肉的运动能力差，手指活动能力和发音都有可能发育迟缓。

Q 总是要我抱抱

我家宝宝是33个月的男孩，从小各方面就很优秀，现在也很壮实。或许是这一理由吧，在运动发育和走路等方面发育都比较缓慢，而我也没有太担心。不过最近无论去哪儿，走一会儿就要我抱抱，放下来，没走一会儿再要我抱抱。跑步也不稳，活动量也不大。难道是因为体格大吗？要不要去医院看看？只是因为不想走路吗？

A 如果宝宝各方面都很优秀，运动能力强的话，是不会总要妈妈抱的。可能主要是因为宝宝运动能力差，再加上身体重，所以走路很吃力，试着给宝宝减减肥吧。运动能力差的宝宝活动量也少，所以更容易肥胖。去室内儿童游乐场等地方，多给他活动的机会，或者去游泳馆玩水也不错。

Q 我家宝宝的小肌肉发育令我很担心

我有一个35个月的男宝宝。宝宝的小肌肉发育很慢，让我放心不下。今年进行健康检查（简单的问卷检查）的时候，诊断出小肌肉发育有问题，幼儿园的老师也担心宝宝的小肌肉发育过于迟缓。我倒是觉得宝宝没有问题，感觉是我没能照顾好宝宝。我是一个不太擅长陪宝宝玩的妈妈，不懂得怎样跟宝宝交流，不知道宝宝喜欢什么、对什么感兴趣。我家宝宝现在连拿画笔涂鸦、搭积木、玩贴纸等游戏都不愿意做，只喜欢跑，拿大玩具玩。

Ⓐ 如果语言理解能力属于正常范围，那就陪宝宝玩他喜欢的游戏；如果语言理解能力不属于正常范围，那就建议你带他做发育检查。小肌肉发育不良并不是因为妈妈没有陪宝宝玩，而是属于先天性迟缓。在语言理解能力属于正常范围的情况下，要陪宝宝玩他喜欢的游戏，这样宝宝和妈妈之间才会形成稳定的亲子关系。强迫宝宝做他不喜欢、不擅长的游戏时，宝宝虽然爱妈妈，但是会拒绝妈妈，造成心理障碍。可以陪宝宝做锻炼小肌肉的贴纸类游戏。因为动手操作能力差，如果强迫他做动手操作游戏的，宝宝会更容易生气，所以在陪宝宝玩的时候，一定要以他喜欢的游戏为主。

语言发育

Ⓠ 我家宝宝的发音不准确

我儿子25个月。宝宝不喜欢吃东西，现在体重还不到11千克，过了16个月才开始走路。不过最让我担心的是宝宝的发音不准确，苹果发音成"叮果"，柿子发音成"赤子"，剪刀发音成"电刀"，还有"给我饭"、"给我牛奶"等，但其他发音都很准确，就是上面的几个单词改不了。我该怎么办呢？

Ⓐ 对于25个月的宝宝来说，没有必要因为他发音不准确而接受语言治疗，耐心等待小肌肉自然发育吧。即使不接受语言治疗，宝宝自己也会为了发出准确的音而努力练习，给宝宝一点时间，随着嘴唇周围的小肌肉逐渐发育，宝宝会发出准确的音。但是48个月以后发音不准现象仍很严重的话，可以接受矫正发音的语言治疗。

Ⓠ 宝宝会突然忘记单词吗？

我的宝宝26个月。满9个月的时候就流畅地说出了"妈妈"、"爸爸"、"水"这些单词，然而此后就不再说话了。即便我努力多跟宝宝说话也没有用。虽然现在发音不太准确，但是会说两三个单词。其实9个月的时候跟着说"妈妈"等单词的时候，我就觉得他说话比其他宝宝早。不过，此后就一直没有再说，直到15个月左右的时候，又开始叫"妈妈"了。像这样开始说话之后，中间突然又不说的情况是什么原因呢？

Ⓐ 开始说几句，然后中间不说，隔一段时间之后又开始说话，这属于正常的语言发育过程。在妈妈的立场上看来，可能会觉得是语言表达能力在减退，但不用担心，其实也有以这种形态发育的宝宝。宝宝不会因为妈妈多跟他进行语言交流就能较早说话。即使宝宝在5～6个月之前开始咿呀学语，或者在12个月之前说了一些单词，也与宝宝说话早晚、说的多少无关。26个月的时候会连续说两三个单词属于正常发育情况。

Q 宝宝说话有点结巴

我家宝宝是29个月的女孩，说话的时候会多次重复第一个单词。例如，叫妈妈的时候是"妈妈妈妈妈妈"的形式。过一段时间就会没事吗？

A 不要担心，耐心等待宝宝在轻松的心态下说出话。这只是开始说句子时常出现的磕巴现象。

形成亲密感 ◀

Q 总是被同龄的宝宝欺负哭

我的女儿28个月。从1年前开始，女儿经常跟同龄的男孩子打架。如果那个男孩打女儿，女儿只会哭不会还手。那个男孩子玩得好好的，看到我家孩子哭就会过去多打她几下，因而我女儿不喜欢去他家玩。我也不能训斥他，因为是朋友所以也没法断绝往来，真是让人伤心透了。我女儿会不会在性格发育方面有什么问题呢？我很担心女儿也对别的宝宝动手。

A 尽量少跟打宝宝的那个男孩见面。宝宝还小，不懂自我保护，所以需要由父母来保护。如果持续受到攻击的话，宝宝就会产生心理阴影，还是跟男孩的妈妈谈一谈。然后观察一下宝宝是属于运动能力强且性格上没有攻击性，还是运动能力差而没有攻击性。

Q 不想跟妈妈分开的宝宝怎么办呢？

28个月的女儿片刻都离不开妈妈，整天都缠着妈妈要陪她玩，所以我妻子天天抱怨说累死了。妈妈在她的视线范围内时，女儿会跟我玩，如果妈妈去阳台一小会儿，女儿就会大哭大闹，好像是因为妈妈不在身边就会感到不安。跟女儿同龄的宝宝，妈妈不在身边也玩得好好的，可不知道我家宝宝是怎么了。

A 仔细观察一下宝宝的性格和妻子平时对待宝宝的态度。如果宝宝的性格敏感，妻子平时对宝宝很好，但是在感觉很累的时候，对宝宝发脾气的话，那宝宝会因为紧张，因而时刻在意妈妈。妈妈对待宝宝的态度出现反复时，宝宝跟妈妈分开的时候会感到更加不安。

Q 宝宝总是黏着爸爸，不喜欢妈妈

我是职场妈妈，女儿28个月。直到宝宝一周岁为止，她一直由我带着，但是随着家里经济状况急剧恶化，我开始上班。因上班时间早，公司离家远的关系，我都要在宝宝还没睡醒的时候上班，所以身为自由职业者的爸爸负责照顾宝宝。我第一天上班就出差，在外地待了3个星期，再加上每天很早就离开家的关系，宝宝跟爸爸相处的时间比我更长。出差回来之后，宝宝刚开始不愿意跟我玩，但是我时常抱抱宝宝，多跟她交流，就这样过了两三个月后，我感觉和宝宝恢复到原来的关系了。不过从那之后，宝宝只会找爸爸。有时跟我玩得好好的，可是一困就会找爸爸，睡醒的时候爸爸不在身边就会哭。我去哄宝宝，宝

宝会拒绝我，连碰都不让碰。爸爸不在家的时候，会乖乖地在我怀里睡着，可一旦爸爸在家，就会强烈拒绝我。爸爸是一个可以包容宝宝一切的人，相反，我是有自己的原则，只要脱离那个原则，我就会果断制止宝宝。我觉得就是这种育儿方式的差异让宝宝变得更加黏着爸爸。我觉得这种情况很不正常，这真的没事吗？

Ⓐ 这是因为妈妈突然开始上班，再加上出差的关系，宝宝把妈妈想成一个在自己睡觉的时候有可能不在家的人。宝宝要跟爸爸一起睡，并不表示跟妈妈没有形成亲子关系。妈妈放下亲自抱着宝宝哄她睡觉的想法，让宝宝跟爸爸舒适地睡觉，这样宝宝对妈妈的信赖感才会提高。仔细观察丈夫对待宝宝的态度，然后跟着做一做。可以带宝宝去公司，给她看你办公的地方，并让她跟同事们打招呼，告诉她这里叫做"公司"，让她知道妈妈不在家的时候是在哪里的，这样有助于减轻宝宝的不安心理。

Ⓠ 我的宝宝不喜欢去幼儿园，那么我该怎么办呢？

我家宝宝是29个月的女孩，一直以来都是一个非常乖巧、谦让的宝宝，玩玩具的时候总是会被别的宝宝抢走，现在别的宝宝只要从身边经过，她都会大声叫"走开，这是我的"。就算那个宝宝一点都不感兴趣，也是如此，好像是因为总被别人抢、挨打的过度反应。甚至对身为妈妈的我也一样，自己的东西绝对不会给我。去早教中心的话，宝宝跟妈妈要一起做互动游戏，可我根本就没法参与。在玩互相给对方传球的游戏时，宝宝也不会把球传给我。我家宝宝会不会是缺乏社交能力呢？这让我很担心。

A 如果是因为过于乖巧，总是被别的宝宝抢东西，那她在主张东西是自己的时候，妈妈要对此表示认同。这个过程需要2～4个月，就当做治愈宝宝受伤的心灵，不要指责她。当宝宝的语言理解能力进一步提高，心灵的伤口得到治愈之后，就会懂得分享。

Q 宝宝不想上幼儿园，我该怎么办呢？

我的女儿29个月了，可她不想上幼儿园。刚开始我以为和其他宝宝一样是暂时的，可现在看来并不如此，都去幼儿园1个多月了，期间只请过5天的假。不过一次都没有主动要去幼儿园，从坐车开始到幼儿园一路上都在哭。宝宝现在会说话，所以会说很多借口，比如"因为生病不想去"、"想妈妈"、"饿了，吃完饭再去"、"待一会儿再去"、"幼儿园很恐怖"等。昨天看了幼儿园发布到他们网站上的女儿照片，女儿一脸不耐烦的表情，没有一张照片是笑着的，坐立不安的样子真是糟透了。也有可能是女儿不适应幼儿园的生活，我担心的是如果现在没法适应的话，五六岁的时候会不会也很困难。女儿在家里的时候喜欢笑，好好吃饭，很会撒娇，话也很多。老师说女儿在幼儿园玩得很好，也好好吃饭，不过我觉得不会哭闹并不代表没有问题。我是专职主妇，正在苦恼是不是该在家里教女儿呢？

A 在去幼儿园之前说不想去，但是到幼儿园之后就会玩得很开心的话，继续送她去幼儿园也没有关系。不过在幼儿园的照片中，如果宝宝的表情看起来忧郁，就不要继续送她去了。先在家里教一段时间，36个月以后再去。同时让宝宝做一做单脚站立、踢球、摇摆游戏等能够了解运动能力的游戏。如果宝宝在这些方面的运动能力低下的话，有可能是因为害怕别的宝宝而不想去幼儿园。

发育障碍

Q 26个月的儿子，好像是发育迟缓

我家宝宝现在还不会说话，只会发一些"呜"、"嗯"的音。完全不会使用勺子，水杯都不愿意自己拿，所以连喝水也要大人喂。他不会玩积木，不会自己上下台阶，也不会自己大小便。前几个月说了两天左右的"妈妈"，现在又完全不说了。以前经常看书，自己翻页的时候我还感到很神奇，可是最近对书一点兴趣都没有。因为我上班的关系，宝宝平时由奶奶带着，不过奶奶体力跟不上，整天只给宝宝看电视，会不会是看电视上瘾呢？我想带宝宝去检查，但是家里条件不太好，真让我担心。

A 26个月的宝宝现在还不会自己上下台阶的话，属于运动发育迟缓。宝宝自己翻页只是对图片感兴趣，而不是为了读文字。还有，并不是的奶奶长时间给宝宝看电视造成发育迟缓，奶奶总让宝宝看电视有可能是宝宝听不懂话、相互沟通不顺畅的原因。通过发育评价，了解一下宝宝的认知发育和运动发育水平吧。家长应该根据宝宝的发育水平，而不是生理年龄做相应的游戏。

Q 想知道宝宝是不是自闭，或者是不是发育障碍

我儿子现在28个月，没有送他去幼儿园，照看儿子已经有3年了。宝宝对轮胎、陀螺等旋转的物体非常感兴趣，坐婴儿车外出的话，由于对轮胎非常感兴趣，去小区游乐场玩的时候也不玩别的，把婴儿车倒过来，只旋转轮胎玩。宝宝虽然喜欢轮胎，可是注意力没有长时间集中在轮胎上，而是只玩几分钟就不玩了。听说自闭儿童对轮胎等旋转的东西感兴趣，所以我上网查了查，感觉我家宝宝有相似的症状，我很是担心。而且不知道从什么时候开始，宝宝手里总是要拿着什么，比如落叶或石头。在游乐场没东西可拿的时候，手里就会握着沙子；玩积木的时候，一只手拿着积木，另一只手搭积木；吃苹果的时候也是，一手拿着苹果，用另一只手吃苹果。进家门的时候，也一定要由自己来锁门；只想走熟悉的路，若不是爸爸的车就不会坐。

说话较晚，到了两周岁左右的时候才开始对语言感兴趣，现在也会跟着说单词和简短的句子，平时会说"妈妈来了"、"出去吧"、"吃紫菜包饭"等简单的话语，不会说的时候就会拽着我的手过去，表达自己的意思。跟我接触没有问题，能够进行一定程度的沟通。然而去游乐场的话，为了跟其他的宝宝一起玩，他会走向他们，但是好像不知道该怎么一起玩。

在饮食习惯方面，宝宝不吃菜，每次只吃一样东西，如紫菜包饭、炒饭、大酱汤等。在我看来，智力上也没有特别的异常。因为是男孩子，比较好动，而且对声音非常敏感，非常讨厌榨汁机和磨咖啡的声音。我是不是需要再观察宝宝一段时间，然后带他去医院检查呢？自闭儿童的特征和一般儿童的特征有些是相似的，所以让我很迷茫。

Ⓐ 你家宝宝有较多的自闭儿童特征，或者有自闭倾向特征，比如旋转轮胎这类重复简单动作的行为、不喜欢变化只走熟悉的路的倾向、偏食等，这些都是与自闭倾向相似的症状。而且宝宝即使有自闭倾向，也能够跟主要养育者——妈妈进行简单的交流。面对这种情况，首先通过发育评价了解宝宝的语言理解能力和非语言智力的发育水平。然后通过一对一的丰富的游戏体验，提高宝宝的语言理解能力，还需要减少造成自闭倾向的发育项目。如果给宝宝提供早期发育项目，宝宝的发育能够得到大幅度提高，5周岁以后能够根据发育状态确诊是否是发育障碍。

Ⓠ 从几岁开始能够诊断宝宝是否患有自闭症呢？

我儿子34个月了，可是一句话都不说。宝宝的爸爸也是过了4岁才开始说话，所以让我不要担心。可是现在宝宝连"妈"、"爸"等单一音节都不会发。在小儿耳鼻喉科做过听力检查、脑波检查等，都属于正常范围。去年在综合医院做过全面检查，也没有异常，不过因为宝宝太小，都是通过妈妈的问诊进行诊断的，这可靠吗？今天，我跟幼儿园的院长进行了面谈，院长说我家宝宝有自闭症的倾向，让我感到非常不安。不是通过父母问诊，而是宝宝能够亲自接受自闭检查的年龄是几岁呢？

Ⓐ 幼儿园的院长常年跟宝宝相处，所以院长说宝宝在适应幼儿园生活方面有问题的话，你就要留意了。在有发育障碍的宝宝中，通过MRI等设备检查大脑功能时，查出问题的情况只有30%，那是因为诊断发育障碍时都是通过观察宝宝的行为进行评价的。因此，通常是根据综合主要养育者的

报告和检查者在不同环境中观察宝宝的结果进行诊断。宝宝18～24个就可以做关于自闭倾向的发育检查，建议你选择通过观察宝宝的行为进行发育评价的机构。

"能够很好地融入
幼儿园!"

36个月之后，宝宝的各种运动能力、沟通能力、互动能力、表现能力和理解能力得到进一步提高。所以这一时期，宝宝能理解同龄朋友们说的话并会做出相应的反应。

Chapter

07

37~60个月
宝宝发育状况

● **主要发育目标** ●

运动发育、语言发育、认知发育

- 检测肌力、平衡感、敏捷性、协调能力
- 检测语言表达能力和发音
- 确认在同龄群体内的认知发育水平

"能够很好地融入幼儿园！"

　　一般过了 36 个月后，宝宝就开始准备去幼儿园。大部分国家都从 3 周岁开始提供正规幼儿教育课程，即开始在幼儿园学习。宝宝的各种运动能力、沟通能力、互动能力、表现能力和理解能力得到进一步提高。所以这一时期，宝宝能理解同龄人说的话并会做出相应的反应。

　　大部分宝宝都可以通过在幼儿园的学习得到全面发育。如果宝宝能够很好地融入幼儿园，就不需要再进行其他的促进发育的活动。因而为了促进宝宝的发育，选好幼儿园变得尤为重要。父母要经常与幼儿园的老师沟通，了解宝宝的发育特征和在幼儿园参与活动的情况，并吸纳教师的意见，进行积极的配合。

　　3～5周岁时，宝宝若能够很好地融入同龄群体的活动，各领域的发育水平可以通过幼儿园提供的活动得到进一步的提高。如果宝宝发育比同龄的孩子迟缓或优秀，要以一对一或小组活动的形式，给宝宝提供符合当前发育水平的项目。

宝宝的运动发育状况

3周岁以上的宝宝可以参加多种身体活动项目，比如：舞蹈、乐器演奏、戏剧表演等。这些活动不是单纯的跳跃，或者要求快跑的运动能力，而是通过身体表达自己的想法和感觉，这就需要多种运动能力。

成年人在被要求用舞蹈表现自己的时候，如果自己的身体不听"使唤"，就会大大失望。宝宝们也一样，做不好老师要求的动作时，会感到很失落。如果其他的小朋友都可以用各种动作表现自己，只有自己做不好的话，由于难以理解自己的身体为什么会像个木头一样僵硬，宝宝就会感到紧张。

相反，运动能力强的宝宝通过各种作来表现自己，并从中感到喜悦。在这一时期，若想随心所欲地做各种动作，需要肌力、爆发力、平衡感、敏捷性、协调能力等多种能力。

肌力

肌力就是肌肉的力量，它是所有运动能力的基础。肌力下降时，我们身体的平衡感、敏捷性、爆发力、协调能力等各方面都会出现困难。如宝宝在长距离快速步行时感到吃力；爬山时在上下坡的地方感到困难，有可能是肌力低下的缘故。如果存在肌力低下的情况，玩短时间的运动游戏是没有问题的，但是游戏时间一旦变长，宝宝就很难跟上了。

平衡感

若想了解未满36个月的宝宝的平衡感，最简单的方法就是观察宝宝不抓扶手自己下台阶的情形。在不抓扶手的情况下，肌力好且平衡感好的宝宝能够以快速、稳定的姿势下台阶。然而，即便肌力好，如果平衡感差，下台阶的速度会变慢，屁股向后撅，姿势不正确。而且单脚站立时无法保持平衡，也难以维持很长时间。平衡感好的宝宝可以玩晃动的游乐设备，而平衡感差的宝宝玩身体会摇晃的游戏时，就会感到十分紧张。

敏捷性

敏捷性是通过视觉感知速度，身体做出相应反应的能力。例如，敏捷性高的话，对方把球扔过来的时候，就能够感知球的速度，再准确地伸出手抓住球。而且还可以朝着远处的球快速跑过去，同时眼睛又能够盯着球，所以能够一脚踢中球。在快速奔跑的同时避开前面障碍物的能力，同样也是敏捷性的表现。

在快速奔跑的时候，敏捷性高的宝宝能够及时避开障碍物，跑到自己想去的场所。相反，敏捷性差的宝宝看到运动能力强的小朋友跑来跑去的时候，会感到眩晕，因担心自己会受伤而感到害怕。

爆发力

爆发力是肌肉瞬间快速收缩，做出动作的力量。例如，立定跳远或跳高需要肌肉的爆发力；站在原地把球扔到远处或用脚把球踢到远处的动作，也同样都需要爆发力；双脚并拢原地跳绳的动作也一样。

协调能力

协调能力是能够自由自在地调节身体的能力。协调能力强的话，向站在对面的人扔球时，能够朝着对方的胸口把球扔过去，让对方容易接到球。与此相反，协调能力差的话，即使朝着对方的胸口把球扔过去，球也会落到的脚下。在做把球弹到对方胸口高处的动作时，有的宝宝能够以准确的力度把球弹起来，而有的宝宝因用力过度将球弹到对方头上，或因为用力过少只弹到膝盖处。

运动能力强的宝宝在参与幼儿园的活动时，表现出强烈的自信心。即使语言理解能力不是很优秀，也会通过察言观色，努力去掌握教师和朋友们的意图，很好地适应。

相反，运动能力差的宝宝在上运动游戏课时，会刻意躲避，或做出嬉闹等行为。在要求敏捷性和爆发力的运动游戏课上不小心摔倒的时候，如果得到了老师和朋友们关注，为了持续引起他们的注意，可能会故意摔倒，这是在想得到关注的宝宝身上会普遍出现的行为。如果在要求运动能力的游戏课上，宝宝故意摔倒还会笑的话，那有必要检查一下宝宝的运动能力。

在不愿意去幼儿园的时候，有的宝宝会说是因为朋友们嘲笑自己，所以不想去。那有可能是因为在比赛游戏时，自己输给了对方，遭到了朋友们的埋怨。

幼儿园经常玩传球游戏，规则是要把球抓好，不能把球弄掉，把球传给旁边的朋友时，要等对方拿好球之后，才把手松开。这一系列动作需要协调能力和速度感。一旦感到紧张，宝宝就可能会抓不稳球，把球弄掉，也有可能在转身把球传给朋友的时候，不小心把球弄掉，或者在朋友还没接过球的时候，就松开手，使得球满地打滚。若出现这种失误，可能会使自己的队伍输掉比赛，从而遭到朋友们的埋怨，感到严重的失落感，不由自主地避开运动游戏。

如果宝宝运动能力发育过于迟缓，可能会被诊断出"发育性运动协调障碍"或"运动技能障碍"。这种情况下，由于宝宝的认知能力属于正常范围，所以会产生强烈的自卑感。随之，运动发育障碍会让宝宝丧失自信心，进一步影响宝宝在同龄群体中的社交能力。宝宝在同龄群体中不断地经历失败，在做发育检查中的运动游戏时，就会有不积极配合的倾向。此时，应先给宝宝示范符合他运动能力的姿势。由于是要求宝宝做他能够做到的动作，所以他也会产生想跟着做一做的想法。因此，宝宝的运动能力差的时候，要多给宝宝提供一对一的运动游戏。

针对宝宝因运动发育障碍难以融入同龄群体的情况，家长可以利用各种运动游戏工具提高宝宝的肌力、平衡感、敏捷性、爆发力、协调能力等各种能力，进行一对一游戏和小组游戏。

宝宝发育游戏

刺激宝宝运动发育的游戏

若想完成要求各种运动能力的身体游戏，最重要的就是提高肌力，因为肌力低下会导致在平衡感、爆发力、敏捷性、协调能力上出现困难。如果在家不能跟宝宝进行提高敏捷性、爆发力、协调能力的游戏，那就定期陪宝宝去爬山、吊单杠、上下台阶等，这样有助于提高宝宝的肌力。

对于均衡感不好的宝宝来说，肌肉强化非常重要。

❶提高肌力的运动发育游戏

•让宝宝快速走完5米距离，中间不休息。父母可以跟宝宝比赛谁走得更快，这样还能够激发宝宝的兴趣。

•"谁爬得更快呢？"父母和宝宝比比看谁爬台阶更快。爬台阶的时候，帮助宝宝一口气爬完，中间不休息。刚开始的时候可以从两个台阶开始，接下来爬3个台阶、5个台阶，然后逐渐增加台阶数。

•跟宝宝做一做下面这些动作：在宝宝趴着的状态下，让宝宝用手掌支撑身体，家长抓着宝宝的双腿，然后宝宝一口气快速向前爬3米。抬起宝宝的双腿时，宝宝向前伸出胳膊才能爬行，不过偶尔有的宝宝会做不好弯曲胳膊向前爬行的动作。

•让宝宝做一做仰卧起坐。刚开始做5个，接下来做10个、15个，然后逐渐增加数量数。

•抱起宝宝，让宝宝吊在单杠上，这个游戏有助于提高宝宝的肌力。

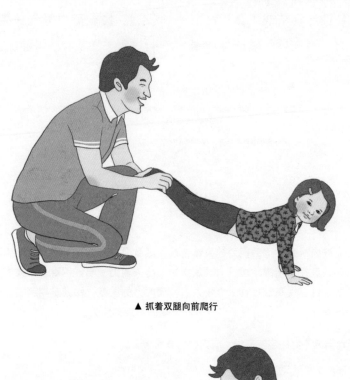

▲ 抓着双腿向前爬行

▲ 仰卧起坐

❷提高平衡感的运动发育游戏

•在地上画5米长的线，然后跟宝宝一起做沿着线倒着走。"比比看谁倒着走得更快！"这样可以更有效地激发宝宝的兴趣。

•跟宝宝比一比不抓扶手快速下台阶，"看谁下得更快！"这样能更有效地激发宝宝的运动兴趣。

•跟宝宝做从台阶跳下来的游戏。刚开始时跳一个台阶，然后跳两个台阶。观察宝宝跳得稳不稳，是否能安全落地。

•跟宝宝比比看，谁单脚站立的时间更长。还可以做单脚跳的游戏。在做这个游戏的时候，如果肌力和平衡感不好，宝宝跳的时候位置总是会移动。

•让宝宝在像平衡木一样狭窄的路面上行走。

•在两侧胳膊各夹着一个球的状态下，让宝宝小心地走下台阶。

•在宝宝的头上放上玩具盒或杯子等物品，让宝宝沿直线向前走。

•让宝宝端着放有水杯的托盘向前走。

❸提高敏捷性的运动发育游戏

·父母向宝宝扔球，宝宝用手抓球。若宝宝敏捷性好，只用手也能抓到球。

·父母把球弹到地上，让宝宝用手接住弹起的球。若宝宝的敏捷性差，宝宝就可能用身体挡球，手忙脚乱地抓不到球。

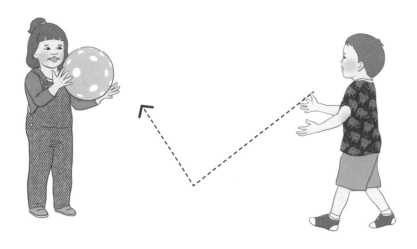

·父母把球扔向宝宝，让宝宝避开球。

·练习后滚翻。手掌放在耳边，蜷缩身体之后，以后背→颈部→手→后脑勺的顺序翻滚。翻滚之后，张开双腿，利用上身体重站立。

·跟宝宝做捉迷藏或″红灯绿灯小白灯″的游戏。

•在地上放两个球，父母和宝宝一起跑向球，把球踢到远处。"比比看谁踢得更远！"这样能更有效地激发宝宝的兴趣。

•按一致的间隔在地上放置一列杯子等障碍物，让宝宝以之字形快速地奔跑，同时避开障碍物。

340

❹提高爆发力的运动发育游戏

• "比比看谁把球扔得更远！"这样能更有效地激发宝宝的兴趣。然后把球举到头上，向前伸出胳膊的同时，用力把球扔向远处。若宝宝的爆发力差，可能会弯曲上身向上抛球，或者把球拿到胸前，在把球扔出去的时候，胳膊是向下伸的，使得球掉在脚下。

• 跟宝宝一起做把球踢到远处的游戏。站到球前，抬起一只脚向后伸，然后用力向前伸出把球踢出去。

• 跟宝宝一起做立定跳远。如果宝宝的爆发力差，跳远落地时可能会向后倒，或者两脚不是同时落地，而是一只脚先落地。

• 妈妈和爸爸在两侧抓着绳子，让宝宝做跳跃绳子的游戏。观察宝宝双脚是否能够稳定落地。刚开始的时候跳5厘米的高度，然后以10厘米、15厘米，差距逐渐增加高度。宝宝的爆发力差，就会很吃力地跳过绳子，然后向前摔倒，或者两脚不是同时落地，而是一只脚先落地。

• 把球踢向宝宝，看宝宝能不能踢到滚向自己的球。

• 跟宝宝一起做原地向上跳跃的游戏。

⑤提高协调能力的运动发育游戏

•让宝宝拿着直径为20厘米的球抛给妈妈或爸爸。在抛球之前，要提醒宝宝把球抛向胸口方向。宝宝的协调能力差，就会把球抛到对方的脚下，或者肚子方向。

•让宝宝把直径为20厘米的球在地上弹射传给妈妈或爸爸。为了能够准确地接到碰到地面弹射出去的球，提醒宝宝要把球抛向胸口方向。如果宝宝做不好，球会飞向父母的左侧或右侧。

•用直径为10厘米手抓球（粘靶球）击中靶子。刚开始的时候，从50厘米的距离开始扔球，然后逐渐增加距离。

•按一致的间隔在地上放置一列障碍物之后，让宝宝以之字形滚动大球并快速地奔跑。

•摆上保龄球之后，跟宝宝一起做打保龄球游戏。

•利用钓鱼玩具，跟宝宝一起做钓鱼游戏。

宝宝的语言发育状况

3～5岁的宝宝的语言表达能力

3周岁以后，宝宝的语言理解能力大幅提高，几乎能理解大人在日常生活中说的所有话。因此，在宝宝面前不能随便乱说，宝宝甚至还能想起几天前妈妈、爸爸或爷爷、奶奶说过的话。

宝宝的语言理解能力能够得到快速提高，但是每个宝宝的语言表达能力都存在很大的差距。有的宝宝发音不准确，有的宝宝能说单词，但是不会说较长的句子。因此，在说第一个单词的时候，可能会有轻微的磕巴现象。而且，虽然会说句子，但因发音不准确，难以听懂的情况也有不少。

语言表达能力发育迟缓是因为嘴唇周围小肌肉的运动能力有障碍。若想说话流畅，呼吸器官和吞咽食物的器官之间要协调运作，即嘴唇周围的小肌肉要灵活，舌头也要灵活自如才可以。

在说话的同时要吞咽口水，所以舌头要同时完成帮助发音和咽口水的任务，然而一边咽口水，一边继续说话的事情并不像想的那么简单。

上了年纪的老人在说话的时候，因为不能及时吞咽口水，嘴角处会积口水，这也是因为嘴周围肌肉的运动能力低下的缘故。有的人长时间说话时，因为不能很好地调节呼吸而出现气喘现象，所以在讲话中间会休息一会儿。总而言之，说话和呼吸、吞咽口水要同时实现，因此说话比起宝宝的认知能力，受到运动能力的影响更多一些。

幼儿期宝宝的智力受到语言理解能力的影响，如果语言理解能力属于正常范围，即便说话较晚，也不用太担心。说话晚的宝宝知道对方听不懂自己说的话之后，会自己练习发音。到48个月以前，对于说话迟缓的宝宝，要多给他一些自己练习发音的时间。如果出生48个月以后，说长句仍旧有困难，发音难以听懂，可以通过语言治疗帮助宝宝。当然，若48个月之前的宝宝发音不准的现象过于严重，会使宝宝的心理受到影响，也可以进行提高嘴唇周围小肌肉运动能力的语言治疗。

在宝宝的群体当中，有的宝宝偶尔会与别的小朋友相比，自己说不好一段完整句子，会选择沉默。这种宝宝头脑聪明，自尊心非常强，所以即使让他们说话，也绝对不会说。进行语言治

TIP ▶ 提高语言表达能力的沟通方法

如果宝宝说句子有困难，利用以下方法可以帮助宝宝提高语言表达能力。

❶对宝宝说"像妈妈这么说！"

想喝牛奶的时候，宝宝只说"牛奶"二字，妈妈要对宝宝说："像妈妈这么说！"，之后慢慢地说："妈妈给我牛奶！"宝宝跟着说的时候，妈妈用嘴型帮助宝宝说话会更好。这跟学外语的时候，老师张大嘴发音，我们可以通过看着老师的嘴型记住难发的音是一个道理。即使宝宝说得不够完整，但宝宝尽力去说了句子，妈妈就要给予表扬。

❷用语序正确的句子再讲一遍

宝宝说："我们奶奶家去！"的时候，不该对宝宝说："好好说说看。"而应对宝宝讲一遍语序正确的句子："我们去奶奶家吧。"父母帮助宝宝准确地表达要说的意思，宝宝会心存感激，并把正确的句子牢牢记住。

❸帮助宝宝详细地表达

当宝宝看到路上的挖掘机，说："那里有坦克！"时，比起告诉宝宝"那不是坦克"，对宝宝详细讲："大大的挖掘机在那里挖地呢！"会更好一些。

---

❹**不要强迫宝宝，不要使用否定语**

宝宝说"香蕉"的时候，对宝宝讲："你说，妈妈给我香蕉。"妈妈就给你香蕉"，但如果说："如果你不说，妈妈给我香蕉，妈妈就不给你香蕉。"宝宝的心里就会产生厌烦感，所以最好不使用这种表达方式。

❺**使用肢体语言**

当朋友把玩具汽车拿走，正在气头上的宝宝说："妈妈，车，车，车！"的时候，妈妈一边对宝宝讲："朋友拿走汽车，所以你生气了。"一边用表情和动作表现生气的样子。这样宝宝能够感受到妈妈为了能让自己容易听懂而所做的努力。

疗的话，宝宝在心理上会产生反感。大部分宝宝都是通过表情、手和身体动作积极地表达自己的意思，所以不要强迫宝宝说话，给宝宝一点时间，耐心等待为宜。宝宝一旦开始说话，就会叽叽喳喳说个不停。

3～5岁宝宝的发音

在37～60个月的宝宝当中，有不少宝宝都会遇到发音困难的问题。发音同样也受到运动能力的影响，因此要等待宝宝通过不断的发育，其嘴唇周围小肌肉的运动能力得到提高。

到了5周岁，宝宝才能够准确说自己的母语。因此，到4周岁为止，即便宝宝有口齿不清的现象，也不要焦急，要学会耐心等待。不过，4周岁的时候口齿不清很严重，或者5周岁以后个别的发音不清晰的话，可以接受语言治疗。

宝宝的认知发育状况

认知发育状况和同龄群体的适应能力

有一位妈妈向我讲述了她的烦恼。她说自己的宝宝很早就开始说话，但不使用同龄宝宝常用的语言，与同龄的宝宝相比，用词能力非常强。在表达自己意思的时候从不犹豫，5周岁的时候就会读了。喜欢新鲜事物，适应能力强，但是让宝宝做他不喜欢的事情就会变得散漫。总是喜欢出风头，无论做什么都想拿第一。上的是英语幼儿园，上课时总是第一个完成任务，然后开始妨碍其他宝宝，所以经常受批评。比起同龄的宝宝，更喜欢跟比自己大的哥哥们一起玩。

上述例子中宝宝的父母没有察觉到一个事实，这个宝宝的认知发育水平非常高，因此在同龄群体里做认知学习活动时，会感到枯燥乏味，难以适应同龄群体的活动。幼儿园老师也同样没能掌握宝宝的认知发育水平，从而没有给宝宝提供符合其当前发育水平的学习课题。结果是宝宝在自身智力水平上的需求得不到满足的活动中，经常做出捣乱的行为。

认知发育水平高，同时喜欢跟同龄伙伴进行互动的宝宝，能够很好地融入同龄群体。然而，在跟同龄伙伴们的亲密互动和情绪调节能力上有困难的宝宝，会对同龄群体的活动不感兴趣。这一时期对宝宝进行发育评价的时候，主要看宝宝的发育水平是否达到同龄群体水平。即使发育水平比同龄群体低很多，也需要做适合当前年龄的游戏及学习活动。

3周岁以后，宝宝开始说话，这时可以通过幼儿智力检查，了解宝宝的认知能力水平。相反，如果家长认为宝宝的认知发育优秀，也要看宝宝的发育水平是高到无法同龄群体活动中的程度，还是在正常范围内属于优秀的。

宝宝的发育状况
Q & A

37～60个月

语言发育

Q 说不好简单的句子，发音不准确

37个月的男孩，能够熟练掌握难度在"换着骑"、"现在去"、"给我果汁"等这一水平上的话，可是连简单的句子都不会组合，而且发音不准确。虽然现在能被听懂的话也渐渐变多了，但是跟同龄的宝宝相比属于很慢的了，因此，在跟伙伴们相处时有很大的困难。说话迟缓可能是很多原因造成的，我想了解的是我家宝宝是否需要接受治疗。宝宝的运动神经也非常迟钝，例如，其他宝宝一下跳两个台阶的时候，我家宝宝也会跟着做，不过他是走下一个台阶之后，只跳一个台阶。宝宝他爸的运动神经也偏迟钝。宝宝的胆子也非常小，跟伙伴们在游乐场玩的时候，不愿意做需要冒险的活动。

如果伙伴们说"不跟你玩！"，他就拒绝融入群体，自己一个人远远地望着他们玩。这种情况不止一两次了。医生说宝宝的语言理解能力不错，可我该怎么办呢？

A 运动发育稍微迟缓时，也会出现说话较晚的情况。医生认为宝宝的语言理解能力不错的话，你家宝宝很有可能是运动发育迟缓造成说话较晚的情况。与同龄的宝宝相比，敏捷性较差，沟通上也有困难，所以宝宝很容易变得忧郁。希望你多给宝宝进行一对一学习或运动的机会。到了5周岁的时候，运动能力会达到与同龄宝宝相似的水平，语言沟通能力也会有大幅提高，因此给宝宝提供2年左右的一对一做游戏和学习机会的话，将会有助于宝宝找回自信，没有必要特意进行治疗。

Q 宝宝说话过于迟缓，会不会是学习双语的关系

我儿子37个月，因为说话过于迟缓，让我很担忧。宝宝过了两周岁之后，接触了1年左右的英语，我们利用视频、童话、童谣等，让宝宝听了简单的生活英语。目前，宝宝的汉语水平是大概知道"妈妈"、"爸爸"、"奶奶"等称呼，会说"给我"、"你好"、"再见"、"不要"、"不要做"、"好害怕"、"抱抱"等的。能听懂，让他去做什么，他也会做。可是，比起汉语，宝宝更喜欢英语，而且学得也快，即使我用汉语讲，宝宝也会用英语说我讲的话。当然说的不是整句话，只是核心单词。会说一些简单的英语句子，也会唱完整的4~5首童谣。不知道是不是因为说不好话的关系，宝宝不会跟朋友们一起玩，有朋友在，他也只会一个人看书或画画。因为汉语说得不好，从前几

天就把英语视频都收起来了，在宝宝没有提出要求时，一直都是用汉语给他读童话书。有没有不去医院，也能让宝宝更早点说话的方法呢？

A 英语发音有重音，有音的高低，所以对宝宝而言，比起汉语，英语听起来更加有趣，跟着说也容易。如果语言理解能力达到37个月的水平的话，汉语视频和英语视频都可以给宝宝看。不过，如果出现语言理解能力比同龄宝宝严重迟缓的情况，建议你只给宝宝看汉语视频。语言理解能力属于正常范围的话，英语和汉语视频都可以给宝宝看，这样也不会影响宝宝理解汉语。37个月的宝宝的语言发育核心是语言理解能力，而不是语言表达能力，父母所以没有必要因为宝宝不会说句子而焦虑不安或进行语言治疗。从宝宝喜欢画画的角度上可以看出，宝宝说不好汉语句子不是因为英语环境，而是对非语言领域更感兴趣。

Q 跟宝宝没办法沟通怎么办？

我的女儿40个月。对于女儿出现的问题，我刚开始只是单纯认为宝宝说话较晚而已，并没有太在意。现在去幼儿园已经3个月了，原本以为能有所改善，可现在问什么，女儿都只是愣愣看着，不作回答。问女儿"在幼儿园都玩了什么？"，却回答为"我！"老师也说女儿回答问题时总是答非所问，而在记文字和数字方面倒是没问题。女儿一哭就会哭很长时间，边哭边闹，一直哭到解愤为止。小时候女儿跟奶奶待在家里，没有注意教她说话，大部分时间都在睡觉。我觉得女儿是一个很乖顺的宝宝，所以很少跟她做游戏，也很少带她外出，或许是因为这样，沟通上才出现困难了吗？

A 先要了解宝宝的语言理解能力，如果是因为语言理解能力低下而不会作答的话，那就要为了提高宝宝的语言理解能力付出相应的努力。首先给宝宝提供一对一学习的机会，若在此过程中语言理解能力不见提高的话，就去找专家进行发育评价（非语言认知水平、语言理解能力水平）。当然也有能听懂问题，但不知道该怎么回答的情况。

Q 说话迟缓，发音也不准确

我女儿现在40个月了。从出生的时候开始总体发育就偏慢，说话和行动也都迟缓，现在好像比别的宝宝慢1年左右。简单的话倒是能说一些，但是长句子只能跟着说后面的话，发音也不准确。女儿在其他方面好像没问题，但周围的人都建议我给宝宝进行语言治疗。婆婆说让我等等看，但我担心继续对宝宝出现的问题置之不理，以后会发生让我后悔莫及的事情。如果错过接受游戏治疗时期的话，宝宝的发育会迟缓到什么程度呢？

A 宝宝的发育迟缓1年左右的话，最好进行发育评价。40个月的宝宝有说话迟缓现象不用太担心，但是要看非语言认知能力和语言理解能力是否达到正常范围。宝宝的语言理解能力达到生理年龄应达到的水平的80%，就不必担心了。而且语言理解能力低下这种情况，需要的不是游戏治疗的帮助，而是根据认知发育水平进行一对一的认知治疗，或者是提高语言理解能力的语言治疗。

Q 宝宝说话磕巴

我儿子42个月了。宝宝过了36个月还说不好话，让我操了不少心，好在现在进步了不少。宝宝知道的单词不少，说得不够流畅，但是能够基本表达自己的意思，现在的问题是说话磕巴。简单的话和常说的话不会磕巴，但是说新学会的话或在陌生人面前就会说话磕巴，例如，"是褐褐褐色"的形式，会多次反复一个字。我计划明年送宝宝去幼儿园，可同时又怕宝宝被朋友们嘲笑而受到伤害。去幼儿园的话，宝宝能够体验更多的东西，跟朋友们说话的机会也会变多，对宝宝应该是有帮助的。我该怎么办才好呢？

A 现在这个年龄说话磕巴，是因为宝宝在努力把话说得流畅，这是必经的阶段，不用担心。跟朋友们在一起的时候，即使不说一段长长的句子，凭借眼色也能对话，所以说话磕巴不会成为太大的问题。如果有嘲笑宝宝说话磕巴的同学，幼儿园教师进行正确的指导就可以。就如不会说长句子的宝宝过了6个月之后会说长句子一样，很可能说话磕巴只是一时现象，明年可以放心送宝宝去幼儿园。

当宝宝的发育不属于正常范围时的应对方法

如果认为宝宝发育迟缓的话，要尽早接受专家的诊断，采取相应的措施。

不只是发育迟缓现象，出现宝宝发育状况远远超出同龄群体，从而无法适应群体活动的情况，也要对发育水平进行评价，给宝宝提供符合当前发育水平的生长环境。

宝宝听不清声音

如果宝宝对声音能做出一点反应，就等到宝宝9个月时再考虑去耳鼻喉科。如果宝宝出生4个月仍对声音没有任何反应，就要去耳鼻喉科接受诊疗。

——参考听觉反应检查71页

宝宝看不清事物

宝宝出生6个月后，如果看到桌子上的豆子时不试图用手去抓，就要去小儿眼科接受专业医生的诊疗。这不是因为伸胳膊的运动能力有障碍而抓不到豆子，而是伸出了胳膊，也看不清豆子，此时宝宝会因为看不清豆子而把头伸向豆子。

——视觉反应检查63页

12个月之前运动发育迟缓

宝宝到4个月15天为止脖子还不会完全转动，到10个月15天为止还不会爬，到16个月为止自己不能走路，都需要去医院接受专业医生的诊疗。

宝宝话说得不好

•宝宝24个月以后，虽然话说得不好，但是能听懂别人说话时，可以等到48个月时再看看是否有改善。在宝宝4周岁以前，即使话说得不够好，但是语言理解能力达到正常发育阶段水平，就不需要做了解发音状况的语言评价。

•宝宝在24个月时，还不会说"妈妈"、"爸爸"，听不懂别人说话，耍赖的现象很严重时，就需要做全面的发育检查。选择通过跟宝宝直接互动来评价发育水平的机构，而且检查人员的临床经验至少要达到5年以上。

•4周岁以后，语言理解能力属于正常水平，但是还不会说话，或者在发音上有困难，可以接受语言测评。如果只属于说话晚的情况，则不需要进行语言治疗。但是如果发音困难的同时，心理产生严重的畏缩感，可以给宝宝提供发音治疗。如果是因为心理上的困难而说话磕巴，那就要努力去理解宝宝的心理，缓解宝宝紧张的情绪。

认知发育、运动发育、行动发育都迟缓

宝宝的发育出现全面迟缓的情况，为了了解各个领域的发育水平，需要接受发育测评。然后要给宝宝提供符合发育特征的游戏及学习环境。

认为宝宝发育得很好

从36个月开始，可以进行幼儿智力检查。宝宝开始说话之后，通过幼儿智力检查，了解动作性智力水平和语言性智力水平，并根据宝宝的发育水平提供相应的游戏学习活动。不应该把5周岁之前的幼儿智力检查当成了解宝宝是否聪明的手段，而要想成了解宝宝的发育水平及发育特征的途径。所有的宝宝都要得到适合他们发育水平的游戏和学习活动。可以通过宝宝的发育评价或幼儿智力检查来决定宝宝的游戏及学习项目。

促进早产儿发育的
早期刺激方法

我们把怀孕未满37周就出生的孩子称为"未成熟儿"或"早产儿"。早产儿从待在医院育婴箱的时候就开始接受早期刺激疗法。由于早产儿没有足月就出生，在妈妈肚子里没能充分得到相应的刺激。因此，对早产儿实施的早期刺激项目的同时也给宝宝提供应该在妈妈的肚子里得到的刺激和从出生后要得到的感觉刺激。

20世纪70年代和80年代初，为了了解针对早产儿的早期刺激对促进发育引起的影响进行了多方面研究。早产儿的体重增加意味着大脑的发育。

在早产儿室的早期刺激或在家庭中提供的早期刺激，对早产儿的体重增加、促进发育起到积极作用的研究结果经发表之后，为了给在医院早产儿室的宝宝提供早期刺激而进行了多种尝试。同时，也开始向父母实施出院教育，即告诉父母，宝宝从早产儿室出院之后，在家里要得到哪些刺激。早产儿室开设了帮助早产儿发育成长的发育中心，定期对早产儿的成长和发育进行评价，同时也为家长提供教育。

早产儿住院期间，父母摸宝宝的时候会非常小心，因为宝宝太小，生怕对宝宝有什么影响。因此，医院的主治医生和护士要引导父母积极地给宝宝提供早期刺激。出院之后，参考本书中所讲的成长发育内容养育宝宝就可以。

针对早产儿的刺激项目有如下几项。

前庭器官刺激

胎儿在妈妈肚子里的羊水中生活10个月，在此期间感受到摇晃的刺激。每当妈妈活动的时候，羊水就会晃动，此时会产生影响宝宝平衡感发育的前庭器官刺激，即每当胎儿的头部方向发生改变的时候，耳朵内的前庭器官把受到的刺激传向大脑。

宝宝出生之后，抱着宝宝摇晃时同样会刺激前庭器官。不过，早产儿出生之后就要住院，所以前庭器官很难受到身体摇晃带来的刺激。可以通过如下方法给早产儿提供前庭器官早期刺激。

❶坐在摇椅上：用奶瓶给宝宝喂奶的时候，护士或妈妈抱着宝宝，坐在摇椅上摇摆着身体喂奶，这样有益于宝宝前庭器官发

育。早产儿一般是每隔2～3小时喝一次奶，所以宝宝每隔2～3小时就能得到身体摇晃所带来的前庭器官刺激。

❷躺在婴儿自动摇椅上：每隔2～3小时，把育婴箱里的宝宝抱出来放到自动摇椅上的话，就可以让他体验摇晃所带来的刺激。

视觉刺激

宝宝一出生就开始受到视觉刺激。早产儿住院之后，周围会有很多的灯光刺激。因此，偶尔会给宝宝戴上眼罩，防止宝宝受到灯光刺激。早产儿健康发育，醒着的时间就会渐渐增多，随之也开始观察周围的事物。此时可以在育婴箱放入家人画的画或五颜六色的卡片，或者把宝宝躺放到自动摇椅上提供前庭器官刺激的时候，在摇椅上挂上风铃，让宝宝把视线集中到风铃上。

在给宝宝喂奶的时候，多跟宝宝对视也是给宝宝视觉刺激的好方法。一边发出声音，一边跟宝宝对视，宝宝会更加积极地用眼睛找妈妈。

听觉刺激

在给宝宝喂奶的时候，护士或父母可以用柔和的声音给宝宝听觉刺激，这可以让宝宝的情绪稳定下来。不过，听觉刺激过强的话，早产儿的身体会变得僵硬、好动，所以最好让宝宝听到柔和的声音。

皮肤刺激

早产儿从出生开始，就要长时间躺在早产儿室，因此最缺乏的就是皮肤刺激。为了了解在轻轻按摩的皮肤刺激和用力按摩的皮肤刺激中，哪种刺激更有效，研究人员进行了各种研究，得出如下结论：宝宝皮肤直接接触妈妈皮肤的袋鼠式皮肤刺激，能够让早产儿的呼吸稳定。根据这一研究结果，最近很多人都选择这种方法给宝宝提供皮肤刺激。当宝宝的胸口贴到妈妈的胸口时，宝宝能听到在妈妈的肚子里时听到过的心跳声，所以宝宝的呼吸才会稳定下来。

早产儿缺乏在妈妈的肚子里时得到的前庭器官刺激和出生之后得到的视觉刺激、听觉刺激、皮肤感觉刺激，因而随着早期刺激疗法的进行，宝宝的呼吸变得稳定，体重进一步增加，发育情况也得到改善。在早产儿室能给宝宝提供的最好的方法是，妈妈坐在摇椅上以袋鼠式疗法抱着宝宝，一边轻轻摇摆身体，一边用柔和的声音叫宝宝的名字。

影响宝宝
大脑发育的因素

畸形婴儿出生的原因

65%的先天性畸形是不明原因的，20%～25%是因为基因突变而发生，至于基因为什么会发生突变，以及防止基因突变的方法至今仍是个谜。其实先天性畸形的85%～90%可以视为是不明原因的。只有10%的畸形是由怀孕时的环境和疾病是造成的，我们可以通过努力预防的只有这10%而已。然而，身为父母就一定要积极配合医生检查，为了让肚子里的胎儿健康成长而做出最大的努力。

神经管缺陷（脑损伤严重）

在胎儿大脑发育中，最敏感的时期是大脑开始形成的怀孕初期。受精后的 22~28 天，胚胎的神经管闭合，中枢神经系统（大脑）开始形成。此时，神经管闭合不全的话，就会造成各种大脑问题。神经管缺陷是以 1000 ：1 的概率出现，多见于女孩子。

患有胰岛素依赖型糖尿病的孕妇没能调节好血糖，孕妇服用容易诱发神经管缺陷的药物时，发生神经管缺陷的概率高。怀孕初期因为疾病出现过高热或蒸过桑拿，宝宝出现神经管缺陷的概率是正常人的 2 倍。

在怀孕 16 ~ 18 周，通过测量甲胎蛋白含量可以诊断胚胎是否存在神经管缺陷。甲胎蛋白含量偏高时，通过羊膜穿刺术进行确诊。经过这种检查，患有神经管缺陷的婴儿出生的概率大幅降低了。

预防宝宝神经管缺陷的方法是怀孕初期服用含有叶酸的复合维生素。摄取菠菜等绿色蔬菜或黄豆、豌豆等食物也是不错的预防方法。

营养状态

怀孕初期（1 ~ 12 周）孕妇的营养状态对胎儿的大脑发育影响不大，因此，怀孕初期吐得厉害，没能好好摄取营养时，也不用担心会对胎儿的大脑发育造成消极影响。不过，到了怀孕中期（13 ~ 27 周），是胎儿开始形成脑神经网络的时期，孕妇的营养状态将对胎儿的大脑发育形成造成很大影响。

　　孕妇的营养状态差时，胎盘发育不良，导致向胎儿供给营养不足，胎儿在子宫内的发育变得迟缓，也会造成大脑发育迟缓。当然，在正常结婚怀孕的女性身上是很少发生因摄取食物困难而造成营养不良或营养失调的情况。

酒精和吸烟

　　大脑对酒精是非常敏感的，孕妇摄取大量酒精，酒精通过胎盘进入胎儿的血液中。会对胎儿造成相应的危害，加大流产、早产的危险，怀孕期间为了胎儿的大脑发育一定要停止酗酒。不过，摄取少量的酒精时，不会对胎儿的大脑造成损伤。因此，在迫不得已需要摄取少量酒精时，就跟妇产科主治医生商量决定一天的酒精摄取量。

　　吸烟会造成孕妇分娩低体重儿，婴儿猝死综合征的情况也被认为是与怀孕期间吸烟有关。因此，孕妇一定要停止吸烟。吸烟会中断向胎儿的大脑供氧，对大脑造成致命性的后果。

运动

　　最近有一项研究结果显示，怀孕期间孕妇是否做运动，对宝宝大脑发育也有影响，孕妇常做运动，宝宝大脑发育会更活跃。运动可以让孕妇维持健康状态，又是预防肥胖的好方法。因此，为了孕妇的健康和胎儿的大脑发育，应推荐孕妇们积极做运动。当然，怀孕前定期做运动的孕妇比起没有做运动的孕妇，可以承受更大的运动量，但是没有必要根据怀孕前的运动量决定怀孕期间的运动量。一般建议孕妇一周运动3次，一次步行20分钟，除此之外，孕妇的运动方法有很多种。

怀孕期间的精神压力

最近孕妇更为关注的是怀孕期间的精神压力。研究人员对怀孕期间孕妇的精神压力对胎儿的大脑发育造成的影响进行研究，结果显示，如果是意外怀孕，孕妇在怀孕期间会承受很大的压力，对胎儿的大脑发育会造成损伤。相反，怀上了一直期盼的宝宝，日常生活中琐碎的压力不会对胎儿的大脑发育造成致命性的损伤。

如果孕妇认为"怀孕期间的压力会影响胎儿的大脑发育"，那么孕妇就会认为自己所受到的各种压力全都对胎儿造成了影响，随之变得更加不安。不过，日常中的琐碎压力通过给胎儿提供充足的营养、定期做运动，就能够轻易消除。怀孕期间，孕妇要吃好喝好，认真做运动，从容应对压力。

为了胎儿的大脑发育应该要遵守的5大原则

❶在准备怀孕的时候服用叶酸。
❷通过定期做产前检查，早期发现疾病及健康问题。
❸怀孕中、后期要给胎儿提供充足的营养。
❹必须戒酒和戒烟。
❺一周运动3次，一次步行20分钟。

胎教和大脑发育

很多人都好奇怀孕期间听莫扎特的音乐或冥想音乐，或者读胎教童话的行为，会对胎儿的大脑发育造成怎样的影响。对此感兴趣的人们也进行了这方面的研究。不过，到目前为止的研究结果显示，那些行为不会像产前诊查、戒酒和戒烟、摄取营养的重要性一样，影响胎儿的大脑发育。

因此，遵守前面介绍的5大原则的同时，为了满足个人兴趣而听冥想音乐或读胎教童话是可以的。然而，在没有遵守5大原则的前提下，单纯认为听莫扎特的音乐、读胎教童话的行为可以帮助胎儿大脑发育，那就太可悲了。

图书在版编目（CIP）数据

幸福育儿：金秀妍育儿圣经 ／（韩）金秀妍著；千太阳译 . -- 长春：吉林科学技术出版社，2015.4
ISBN 978-7-5384-9001-5

Ⅰ . ①幸… Ⅱ . ①金… ②千… Ⅲ . ①婴幼儿－哺育－基本知识 Ⅳ . ① TS976.31

中国版本图书馆 CIP 数据核字（2015）第 063731 号

幸福育儿：金秀妍育儿圣经

著　（韩）金秀妍
译　千太阳
出 版 人　李 梁
策划责任编辑　韩 捷　冯 越
执行责任编辑　练闽琼
封面设计　长春市一行平面设计有限公司
制　　版　长春创意广告图文制作有限责任公司
开　　本　167mm×235mm　1/16
字　　数　270 千字
印　　张　23
印　　数　1-5000 册
版　　次　2015 年 6 月第 1 版
印　　次　2015 年 6 月第 1 次印刷
出　　版　吉林科学技术出版社
发　　行　吉林科学技术出版社
地　　址　长春市人民大街 4646 号
邮　　编　130021
发行部电话 / 传真　0431-85677817　85635177　85651759
　　　　　　　　　　　85651628　85600611　85670016
储运部电话　0431-86059116
编辑部电话　0431-85635186
网　　址　www.jlstp.net
印　　刷　长春人民印业有限公司
书　　号　ISBN 978-7-5384-9001-5
定　　价　49.90 元
如有印装质量问题可寄出版社调换
版权所有　翻印必究　　举报电话：0431-85635186

身长（0~24个月）

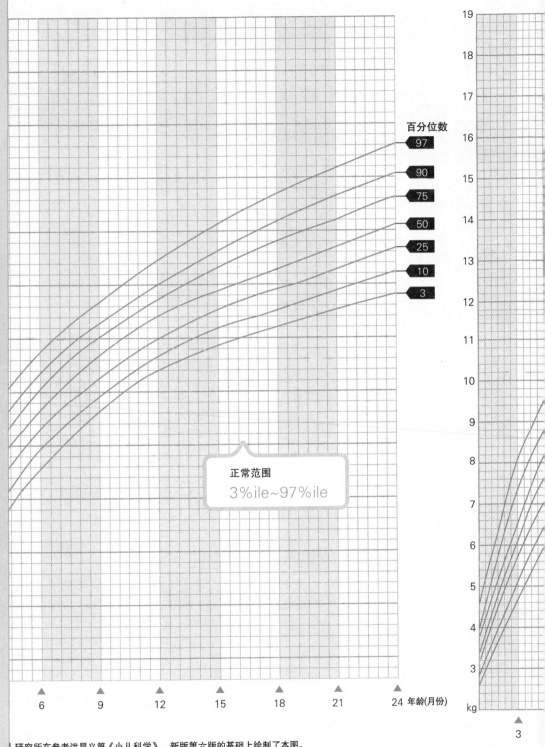

百分位数

97
90
75
50
25
10
3

正常范围
3%ile~97%ile

6　9　12　15　18　21　24 年龄(月份)

19
18
17
16
15
14
13
12
11
10
9
8
7
6
5
4
3
kg

3

研究所在参考洪昌义篇《小儿科学》，新版第六版的基础上绘制了本图。
出处】洪昌义篇《小儿科学》，新版第六版，大韩教科书，1999。

头围（0~12个月）

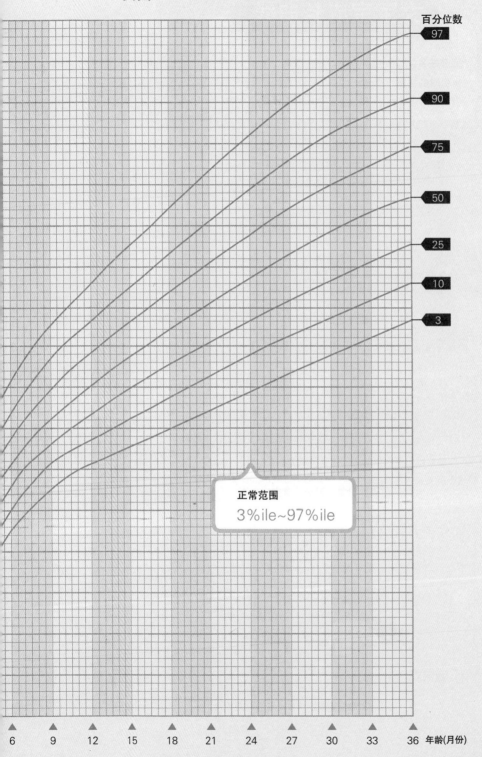

百分位数

97
90
75
50
25
10
3

正常范围
3%ile~97%ile

6　9　12　15　18　21　24　27　30　33　36　年龄(月份)